决策咨询系列

国家科学思想库

中国科学家思想录

第十二辑

中国科学院

科学出版社
北京

图书在版编目（CIP）数据

中国科学家思想录・第十二辑 / 中国科学院编. —北京：科学出版社，2017.4

ISBN 978-7-03-052320-4

Ⅰ. ①中… Ⅱ. ①中… Ⅲ. ①自然科学—学术思想—研究—中国 Ⅳ. ① N12

中国版本图书馆 CIP 数据核字（2016）第 052346 号

丛书策划：胡升华 侯俊琳

责任编辑：侯俊琳 牛 玲 刘巧巧 / 责任校对：何艳萍

责任印制：张 伟 / 封面设计：黄华斌 陈 敬

编辑部电话：010-6403 5853

E-mail：houjunlin@mail.sciencep.com

科学出版社出版

北京东黄城根北街 16 号

邮政编码：100717

http://www.sciencep.com

北京建宏印刷有限公司印刷

科学出版社发行 各地新华书店经销

*

2017 年 4 月第 一 版 开本：720×1000 B5

2018 年 5 月第三次印刷 印张：7

字数：150 000

定价：58.00 元

（如有印装质量问题，我社负责调换）

从书序

白春礼

中国科学院作为国家科学思想库，长期以来，组织广大院士开展战略研究和决策咨询，完成了一系列咨询报告和院士建议。这些报告和建议从科学家的视角，以科学严谨的方法，讨论了我国科学技术的发展方向、与国家经济社会发展相关联的重大科技问题和政策，以及若干社会公众广为关注的问题，为国家宏观决策提供了重要的科学依据和政策建议，受到党中央和国务院的高度重视。本套丛书按年度汇编 1998 年以来中国科学院学部完成的咨询报告和院士建议，旨在将这些思想成果服务于社会，科学地引导公众。

当今世界正在发生大变革、大调整，新科技革命的曙光已经显现，我国经济社会发展也正处在重要的转型期，转变经济发展方式、实现科学发展越来越需要我国科技加快从跟踪为主向创新跨越转变。在这样一个关键时期，出思想尤为重要。中国科学院作为国家科学思想库，必须依靠自己的智慧和科学的思考，在把握我国科学的发展方向、选择战略性新兴产业的关键核心技术、突破资源瓶颈和生态环境约束、破解社会转型时期复杂社会矛盾、建立与世界更加和谐的关系等方面发挥更大作用。

思想解放是人类社会大变革的前奏。近代以来，文艺复兴和思想启蒙运动极大地解放了思想，引发了科学革命和工业革命，开启了人类现代化进程。我国改革开放的伟大实践，源于关于真理标准的大讨论，这一讨论确立了我党解放思想、实事求是的思想路线，极大地激发了中国人民的聪明才智，创造了世界发展史上的又一奇迹。当前，我国正处在现代化建设的关键时期，进一步解放思想，多出科学思想，多出战略思想，多出深刻思想，比以往任何时期都更加紧迫，更加重要。

思想创新是创新驱动发展的源泉。一部人类文明史，本质上是人类不断思考世界、认识世界到改造世界的历史。一部人类科学史，本质上是人类不断思考自然、认识自然到驾驭自然的历史。反思我们走过的历程，尽管我国在经济建设方面取得了举世瞩目的成就，科技发展也取得了长足的进步，但从思想角度看，我们的经济发展更多地借鉴了人类发展的成功经验，我们的科技发展主要是跟踪世界科技发展前沿，真正中国原创的思想还比较少，“钱学森之问”仍在困扰和拷问着我们。当前我国确立了创新驱动发展的道路，这是一条世界各国都在探索的道路，并无成功经验可以借鉴，需要我们在实践中自主创新。当前我国科技正处在创新跨越的起点，而原创能力已成为制约发展的瓶颈，需要科技界大幅提升思想创新的能力。

思想繁荣是社会和谐的基础。和谐基于相互理解，理解源于思想交流，建设社会主义和谐社会需要思想繁荣。思想繁荣需要提倡学术自由，学术自由需要鼓励学术争鸣，学术争鸣需要批判思维，批判思维需要独立思考。当前我国正处于社会转型期，各种复杂矛盾交织，需要国家采取适当的政策和措施予以解决，但思想繁荣是治本之策。思想繁荣也是我国社会主义文化大发展、大繁荣应有之义。

正是基于上述思考，我们把“出思想”和“出成果”、“出人才”并列作为中国科学院新时期的战略使命。面对国家和人民的殷切期望，面对科技创新跨越的机遇与挑战，我们要进一步对国家科学思想库建设加以系统谋划、整体布局，切实加强咨询研究、战略研究和学术研究，努力取得更多的富有科学性、前瞻性、系统性和可操作性的思想成果，为国家宏观决策提供咨询建议和科学依据，为社会公众提供科学思想和精神食粮。

前　言

为国家宏观决策和科学引导公众提供咨询意见、科学依据和政策建议，是中国科学院学部作为国家在科学技术方面最高咨询机构的职责要求，也是学部发挥国家科学思想库作用的主要体现。

长期以来，学部和广大院士围绕我国经济社会可持续发展、科技发展前沿领域和体制机制、应对全球性重大挑战等重大问题，开展战略研究和决策咨询，形成了许多咨询报告和院士建议。这些咨询报告和院士建议为国家宏观决策提供了重要参考依据，许多已经被采纳并成为公共政策。将学部咨询报告和院士建议公开出版发行，对于社会公众了解学部咨询评议工作、理解国家相关政策无疑是有帮助的，对于传承、传播院士们的科学思想和为学精神也大有裨益。

本丛书汇编了1998年以来的学部咨询报告和院士建议。自2009年5月开始启动出版以来，中国科学院院士工作局[①]和科学出版社密切合作，将每份文稿分别寄送相关院士征询意见、审读把关。丛书的出版得到了广大院士的热情鼓励和大力支持，并经过出版社诸位同志的辛勤编辑、设计和校对，现终于与广大读者见面了。

希望本丛书能让广大读者了解学部加强国家科学思想库建设所做出的不懈努力，了解广大院士为国家决策发挥参谋、咨询作用提供的诸多可资借鉴的宝贵资料，也期待着广大读者对丛书和以后学部的相关出版工作提出宝贵意见。

中国科学院院士工作局

二〇一二年十一月

① 现更名为中国科学院学部工作局。

目　录

我国图像传感网技术和产业现状分析与发展建议

于起峰　等

图像传感网通过图像传感器获取公共场所、基础设施、产品制造和流通过程等的图像信息，结合图像处理和网络技术，辅助实现安全监控、流通性控制和智能化生产等功能，承载了物联网中超过 60% 的信息获取，成为物联网这一战略性新兴产业中最重要的类别之一。大规模使用图像传感技术构建城市安防和智能交通等体系，已成为保障社会安全、提高资源利用效率的必要手段。图像传感网还是由星载雷达、机载雷达、地面观测共同构成的立体观测遥感网的最重要组成部分，其应用包括农业、重大工程设施、自然灾害等的监测及军事侦察等。未来，图像传感网将成为生产、生活和国防等各个领域实现智能化的重要基础和支撑。

以安防监控、交通管控等领域为例，图像传感网已形成了巨大的应用规模，有着巨大的市场需求。按典型的建设规划估算，要建设高清监控网监控全国城区道路，需要 1568 万个高清摄像头，其中成像芯片需投资近 160 亿元。如果再考虑机场、车站等公共场所，水利、电力等重要基础设施和智能制造、智能环保中的监控，仅高清图像传感器的成本就需要近千亿元。我国图像传感网产业的规模已非常庞大，仅以安防行业为例，视频监控相关企业已达万余家，从业人员超过 50 万人，年总产值超千亿元，快速发展、高速增长的趋势明显。尽管如此，我国图像传感网的发展还面临着诸多的问题和制约，例如，需求和市场利润巨大的中高端图像传感器市场被国外垄断；本应能够发挥我国软件算法研发优势的智能相机和智能传感网的绝大部分市场份额也被国外产品占据；等等。

图像传感网产业已明显具备战略性新兴产业的特征，是目前物联网中最快、最直接具有经济和社会效益的部分，既有重大产业需求，又有重大发展机遇和潜力，应引起国家的重视。但在包括物联网在内的国家各专项领域"十二五"发展纲要中，都没有专门描述图像传感网的内容，因此，迫切需要由国家统一规划并战略性地推动、引导图像传感网产业的发展，使我国图像传感网产业迅速崛起，满足国内市场的巨量且迫切的需求，并在国际市场中占有一席之地。

一、我国图像传感网技术和产业的发展现状与主要问题

1. 图像传感网产业已颇具规模，但图像传感网整体建设规划不足，相关行业标准和政策法规不健全，不同信息网络共享困难，重复投资严重

虽然我国图像传感网产业发展迅猛、规模庞大，但缺乏发展规划和规范管理，效率低下，存在大量的重复建设和投资浪费问题。例如，一些城市道路、高速公路上安装的多套监控系统分属于不同部门，功能重叠，并且很难实现信息互通和共享。另外，我国没有设计和建立专门的图像传感网标准，没有对图像传感网的各种接口进行规范，也没有对图像传感网大范围推广后将面临的安全和隐私保护等问题进行有关法律法规的规划和制定等，影响了图像传感网整体的科学发展和高效应用。

2. 安防监控、智能交通等领域对高清晰、智能化的图像传感网需求迫切，但目前低端监控产品充斥市场，信息有效性差，甚至刚建成就有更新需求

我国各地现有的监控和智能交通系统大多是旧式模拟标清监控系统，监控效果不佳，人脸、车牌等关键信息往往缺失。例如，视频监控对破案发挥了重要作用的“周克华案”，如果有更翔实的图像监控信息，无疑将更有助于顺利破案。我国许多主要城市在认识到高清图像网在安防监控、案件侦破等方面的重要意义后，已开始试点建设高清图像网。例如，长沙“天网工程”、江苏“320 工程”分别计划投资约 20 亿元；重庆“平安重庆”规划安装 50 万个点摄像机，总投资 72 亿元。与此同时，大量不适应安防监控需求的低端图像监控网仍在不断规划和建设，其中近 3 年建设的图像传感网就有 80% 严重落后，甚至刚刚建成使用就需要更新升级。

在智能化信息处理方面，在我国已有的监控系统中，95% 采用人工通过监视器进行监控的方式，无法实现智能的事件检测和识别，系统工作效率低、可靠性差。

3. 目前有巨量需求的中高端图像传感器芯片完全依赖进口，但我国对作为图像传感网中图像传感器主体的 CMOS 技术有良好积累，有望实现跨越式发展

目前，我国基本没有研发和生产高清晰、高动态的中高端图像传感器的能力，巨额的国内市场利润不得不拱手让于他国。核心器件国产化应是我国图像传感网发展的必由之路。鉴于国内已能够基于进口图像传感器芯片研发高清化、网

络化相机，只要进一步突破中高端芯片技术瓶颈，就能实现高清相机和监控网络国产化。我国对作为安防监控等领域图像传感器主要载体的互补金属氧化物半导体（CMOS）有较好的前期技术储备，如果进行战略性的重点投入，有望快速突破市场主流的1080线高清CMOS图像传感器的设计制造和批量生产，主导巨大的国内市场并在国际竞争中取得优势。在遥感对地观测等高端领域，我国对各种新型图像传感器的研发也明显落后于发达国家，也应积极发展。

4. 图像处理算法和智能化图像处理软件有较好的研究基础，但未能实现产业化应用，智能相机市场几乎被国外产品占据

软件算法是图像传感网实现智能化并高效发挥作用的核心和灵魂。目前，我国自主的智能相机供给严重不足，95%的市场份额被国外产品占据。同时，我国的相机产品同质化严重，除了以资源消耗为代价的低价格、低附加值外，没有国际竞争力。

由于与产业化应用脱节，加之知识产权保护落后，本应是我国优势的图像处理算法和软件研发却未能有效实现成果转化和推广应用，更没有实现规模化产品应用，直接影响了我国智能化图像传感器和图像传感网产业的发展。

二、相关建议

1. 统筹规划图像传感网建设，组织相关标准、政策法规的研究制定和发布，推动新建监控网实现高清智能的跨越式发展

建议我国从整体上对图像传感网产业发展、图像传感器芯片研发等核心能力提升，以及图像传感网推广应用进行统筹规划，有效协调各部门间的相互关系，从技术和管理上推动跨越不同图像监控系统甚至遥感观测系统的集成，做到信息共享、协同使用。重视图像传输、交换等关键技术，特别是传输信号的标准化、规范化等，重点建设图像传感网相关标准，以更好地实现通用性、安全性和信息互通性，为图像传感网新技术更科学、快速、高效的推广应用奠定基础。

建议我国根据应用需求，强力推动高清晰、智能化图像传感网的建设，避免因低端设备与需求不匹配而造成多次更新和重建的情况。建议逐步将不满足需求的中低端图像网升级到高清智能图像网，在重点地区、领域开展先进模式和技术的应用示范工程。

建议我国提早组织和开展对未来图像传感网大规模发展与应用可能出现的信息安全、隐私保护以及伦理问题等对策研究，能够尽早从政策与法规层面给出解决方案，为我国图像传感网得到广泛应用与健康发展提供保障。

2. 重视和支持图像传感器芯片研发制造等核心能力的提升和创新，争取在短期内突破1080线高清图像传感器技术工艺

中高端CMOS图像传感器研发能力在图像传感网发展中代表着核心竞争力，建议我国结合国家相关重大专项设立专门子项，构建先进工艺技术研发平台，先在短期内实现1080线高清图像传感器的自主设计制造，逐步实现大规模产业化生产；再进一步攻关实现更高端产品的自主研发生产；同时，探讨支持民营企业参与该领域攻关、竞争的模式和机制。

建议我国同时加强对全天时、宽天候监控监测、遥感观测等所需的红外、微波、高光谱等新型图像传感器研发的规划和支持，争取实现跨越发展。例如，加大对我国拥有自主知识产权的新型光学读出红外传感器技术的投入和支持，使我国在应用前景巨大的夜视监控等领域具备核心部件研发和产业化能力。

3. 建立和完善“图像传感”专业人才的培养机制，尽快解决“图像传感”领域的人才短缺问题

我国CMOS成像芯片设计相关专业人才十分短缺。建议我国推行设立“图像传感”学科点和博士、硕士专业点，或在有关的学科专业中设立图像传感研究方向课程。鼓励相关基础学科的带头人在高校和科研院所开设图像传感器设计专业，推动学科发展，加快培养理论与实践能力相结合的高端人才。

4. 加强图像处理智能化软件的研发和应用，探索该领域产学研有效结合的机制和体制

智能化处理软件和智能相机的设计开发是当前我国发展图像传感网最具实效和竞争力的方向之一。建议设立专门子项进行重点资助，加强图像智能化应用技术的研发投入；积极探索能够发挥我国智能化软件研发优势的产学研相协同的体制机制；健全知识产权保护和利益分配机制，提高算法、软件研发人员的积极性。

（本文选自2013年咨询报告）

咨询组成员名单

于起峰	中国科学院院士	国防科学技术大学
王　曦	中国科学院院士	中国科学院上海微系统与信息技术研究所
伍小平	中国科学院院士	中国科学技术大学
杨　艺	总经理	北京凌云光视数字图像技术有限公司
韦　穗	教　授	安徽大学

陈　杰	研究员	中国科学院微电子研究所
欧阳骏	董事长	北京微视新纪元科技有限公司
邓中翰	中国工程院院士	中星微电子有限公司
于　全	中国工程院院士	中国人民解放军总参谋部第六十一研究所
王光谦	中国科学院院士	清华大学
张青川	教　授	中国科学技术大学
何小元	教　授	东南大学
刘广荣	教　授	北京理工大学
鞠怡明	董事长	长沙飞腾微电子有限公司
胡茂林	教　授	中国科学院上海微系统与信息技术研究所
朱　明	董事长	苏州互盟信息存储技术有限公司
张小虎	研究员	国防科学技术大学
王丽宽	经　理	北京凌云光视数字图像技术有限公司
尚　洋	副研究员	中国人民解放军国防科学技术大学

长江中下游地区血吸虫防治现状与对策

曹文宣　等

血吸虫病是危害我国人民身体健康和影响经济、社会发展的重大传染病之一，曾广泛流行于长江流域及其以南的12个省（自治区、直辖市）。新中国成立以来，党和政府十分重视血吸虫病的防治工作。经过半个多世纪的不懈努力，我国先后已有5个省（自治区、直辖市）消灭了血吸虫病，取得了举世瞩目的成绩。但部分地区疫情仍不稳定，尤其是受人畜流动和残存钉螺分布复杂等因素影响较大，目前流行最严重的疫区主要分布于长江中下游的湖北、湖南、江西和安徽等省的湖沼地区。开展血吸虫病防治研究具有重要的现实意义，是一项关系到人民群众身体健康，关系到建设有中国特色的小康社会、建设社会主义新农村、促进经济发展的大事。

一、血吸虫病防治现状

目前，主要疫情集中在长江中下游的湖北、湖南、江西和安徽等省。卫生部《2012年全国血吸虫病疫情通报》最新数据显示，2011年全国血吸虫病患者总数为286 836例，仅湖北、湖南、江西、安徽4省的患者就达279 933例，占全国患者总数的97.59%；全国实有钉螺面积为372 664.10公顷，其中该4省为364 549.27公顷，占全国的97.82%；全国新发钉螺面积为1163.87公顷，该4省为1066.66公顷，占全国的91.65%。事实表明，长江中下游地区是我国血吸虫病的重点流行区，需进一步加大防治力度。同时，血吸虫病疫情出现不稳定态势，存在反复、回升或反弹的威胁，表明该地区血吸虫病防治具有复杂性、长期性与艰巨性。

二、血吸虫病防治工作中存在的主要问题

在国务院及各地区政府的重视下，我国采取得力措施进行血吸虫病的防治工作，取得了重大进展。但是，由于血吸虫病流行与传播的自然和社会因素难以根本消除，长江中下游地区在规定时间内达到血吸虫病传播控制标准的难度极大，

主要存在下列问题。

1）在重疫区进行血吸虫病传播控制的达标工作，任务艰巨，时间紧迫，难度极大。

2）血吸虫病防治工作的联防联控机制尚需进一步加强与完善，卫生、农业、水利、林业等部门之间对血吸虫病防治的认识存在不一致性，影响相互之间的密切配合。

3）没有纳入血吸虫病防治示范区或有关项目覆盖的区域，其血吸虫病疫情仍十分严重，血吸虫病防治形势依然严峻。

4）现有的血吸虫病防治技术和手段尚不能突破处于瓶颈阶段的防治现状。

三、加强血吸虫病防治工作的建议

为进一步加强长江中下游地区血吸虫病防治工作，提出以下建议。

1）加强领导，统一协调机制，切实保障各项防治措施的落实。建议恢复国务院血吸虫病防治工作领导小组，加强领导，统一组织和协调血吸虫病防治工作；同时，各地也应加强现有血吸虫病防治工作领导体制建设，保持工作的稳定性和连续性，有效避免出现疫情反复。

2）建立血吸虫病防治的长效机制，依法防治。随着防治工作出现的新问题、新趋势，应实事求是、科学地评估当前血吸虫病的流行现状，明确防治工作的长期性、复杂性与艰巨性，切忌急功近利，谨防为了提前或按时达标出现瞒报疫情、弄虚作假的现象；并根据血防工作的进展情况，将原有条例进行修订、补充和完善，甚至可以考虑上升为《血吸虫病防治法》，从法律上保障血吸虫病防治工作的长期性、连续性。同时，在血吸虫病防治工作立法中明确血吸虫病防治的系统性、技术创新和创新成果应用推广相关的具体内容。

3）恢复生物多样性，通过完善的生态系统加强对钉螺的控制。长江流域部分鱼类、虾类能够捕食钉螺，因而该流域的生物多样性对控制钉螺和血吸虫病具有重要意义。应采取多种措施力争恢复流域生物多样性，利用水生生态系统控制钉螺，为抑制血吸虫病的传播奠定基础。同时，应建立监测网络，对长江流域的生态环境、生物多样性恢复程度，以及对钉螺控制的效果等进行适时监测。

4）加大科技投入，保障血吸虫病防治工作可持续发展。建议由科技部、国家卫生与计划生育委员会以实施重大传染病防治专项为契机，紧急启动血吸虫病防治技术和产品创新工程，联合组织多部门、跨学科的联合攻关，加强为现场防治服务的新技术、新策略、新标准、新产品等应用性研究，扩大示范区或项目在流行区的覆盖面，进一步提高血吸虫病防治工作成效。以中国科学院和全国各省份，尤其是疫区相关省市大专院校及科研院所为基础，建设为疫苗、诊断、基因功能等服务的血吸虫体外培养技术平台，建设全国血吸虫病网络实验室；建立多种资源库，以及血吸虫病流行病学数据库、螺情数据库和地理信息数据库在内的预防信息数据库网络建设与研究平台，保障血吸虫病防治工作的可持续发展。

5）重点对中小学生进行健康教育，增强自我防护意识与防护能力。健康教育在血吸虫病防治中起着重要的作用。儿童较成人易发生再感染。我国血吸虫病疫情通报也显示，长江中下游地区 7 ~ 18 岁年龄组是发生急性血吸虫病的高危人群。因此，可将血吸虫病防治知识纳入中、小学校正常的教学活动及升学考试中，以增强他们的自我防护意识与防护能力。

（本文选自 2013 年咨询报告）

咨询组成员名单

曹文宣	中国科学院院士	中国科学院水生生物研究所
董惠芬	教　授	武汉大学
蒋明森	教　授	武汉大学
张　晓	研究员	湖北省科技信息研究院
颜慧超	研究员	湖北省科技信息研究院
余平凡	副书记	中国科学院武汉病毒研究所
王桂堂	研究员	中国科学院水生生物研究所
聂　品	研究员	中国科学院水生生物研究所
谢志才	研究员	中国科学院水生生物研究所
蔡顺祥	研究员	湖北省血吸虫病防治研究所
盛建新	副研究员	湖北省科技信息研究院
林　洪	副研究员	湖北省科技信息研究院
胡　然	助理研究员	湖北省科技信息研究院
余昶颖	助理研究员	湖北省科技信息研究院

关于发展高温超导输电的建议

严陆光　等

一、研究背景及意义

1911 年，荷兰物理学家卡麦林·昂尼斯发现了超导体。由于超导体没有电阻，在输送直流电流时没有输电损耗，所以，它的应用将对整个电能输送技术带来革命性的影响。20 世纪 80 年代后期，液氮温区的高临界温度超导体的发现，使得将超导体用于大规模的电能输送成为可能；90 年代以来，国内外均在高温超导输电方面积极地开展研发与示范工作，并取得了一定的进展，研究开发与产业链雏形已经形成，21 世纪前期有望进入超导电力输送的新时代。

我国的能源资源大部分分布在西部和北部地区，负荷大部分分布在中部和东部地区，我国能源资源和负荷需求的地理分布决定了电能输送具有跨区域、远距离和大规模的特点，西南地区的水电，西北地区的火电、风电和太阳能发电将送至华北、华中、华东和南部地区，从而形成大规模“西电东送”“北电南送”电力流格局。到 2020 年，跨区、跨国电网输送容量预测有可能达到 4 亿千瓦以上。考虑到新能源发展的远景，我国未来能源资源和负荷分布不均衡的矛盾将更加突出。周孝信院士等专家预测[①]：到 2050 年，我国中东部地区仍是主要负荷中心，华北、华中、华东地区负荷比重约达 65%，加上南部地区主要负荷中心的珠江三角洲，预计中东部地区主要负荷中心用电量比例将达到 75% 左右；而电源分布则是中东部地区装机容量略大于西部、北部地区，大致比例是 55：45。

为了提高能源、环境和经济等综合利用效率，从“十二五”起我国将大力发展特高压交流和直流输电。其中，特高压交流定位于主网架建设和跨大区送电，直流定位于大型能源基地的远距离、大容量外送和跨网电源输送。

考虑到电能在终端能源中的比重不断提高，减少电网损耗将成为日益重要的任务。目前，我国电网的损耗约为 7.5%，以 2010 年的总发电功率 9.6 亿千瓦为基数来计算，电网的损耗达到 7200 万千瓦，相当于 3 座三峡电站的发电功率。到 2050 年，以总发电功率为 25.6 亿千瓦来计算，如果电网无有效的降耗措施，

① 周孝信等．能源变革中电网技术发展预测与对策研究，内部报告，2012.

则电网的损耗将达到 1.92 亿千瓦，大致相当于 1994 年全国电力装机总容量。

电网的损耗主要源于输配电线路及变压器，其中输电线路损耗约占 1/3，即为总发电功率的 2.5% 左右。随着可再生能源的大量接入，我国未来的平均输电距离将比现在更远，如果没有技术上的进步，则总的输电损耗将不可避免地增加。因此，采用新的输电技术以提高电网的效率是十分重要和迫切的任务。

高温超导输电是使用高温超导材料替代传统的铜和铝导线来输送电能，与常规直流输电相比，其优越性主要体现在以下几个方面。

1）大容量。输送容量可达常规特高压直流输电的 4 ~ 10 倍。例如，常规 ±800 千伏直流输电线路，传输电流可达 4750 安，其传输容量可达 750 万千瓦。由于超导材料的载流能力可以达到普通铜或铝的载流能力的 50 ~ 500 倍，即电流密度为 100 ~ 1000 安 / 毫米^2，因此一回 ±800 千伏的超导直流输电线路传输电流可达 20 ~ 50 千安，其输送容量达 3200 万 ~ 8000 万千瓦。

2）损耗低。其输电总损耗可以降到常规直流输电的 1/4 ~ 1/2。对常规直流输电线路，其线路损耗为 5.76% ~ 8.91%，而超导直流输电没有电阻损耗，其损耗仅仅来自冷却超导电缆的低温冷却系统。

3）体积小。超导电缆载流密度高，因此超导直流输电系统体积相对较小，其安装占地空间也较小，从而可以减少土地占用量。

4）重量轻。由于超导线电流密度高，输送相同容量的超导线截面积较常规铜线或铝线截面积大大减小，所以，超导电缆的重量也要比同等传输电压和传输容量的常规电缆轻。

5）可降低传输电压。超导电缆可以在比常规电缆损耗小的前提下传输比常规电缆大数倍的电流，这样在同样传输容量的需求下，传输电压就可以降低一到两个等级。

6）增加系统运行的灵活性。超导电缆传输电流的能力可随着工作温度的降低而增加。由于可在原有设备配置条件下通过降低温度来增加传输容量，因而有更大的过流能力，增加了系统运行的灵活性。对于冷绝缘超导电缆而言，在正常运行时绝缘层的温度基本不变，不会像常规交联聚乙烯电缆那样发生温度增高致寿命缩短的情况。

7）节约资源，环境友好。超导电缆使用液氮冷却，不存在环境污染的隐患，且具有防燃防爆的优势，冷绝缘超导电缆设计中采用了超导屏蔽层，基本消除了电磁场辐射，减少了对环境的电磁污染。超导电缆系统总损耗的降低，减少了温室气体的排放量，有利于保护环境。

在高电压、大容量输电发展中，高温超导输电是一项革命性的前沿技术，具有一系列优势，有望在我国未来电网发展中发挥重要作用。它的研发涉及超导材料、新型电工装备、大型低温工程、巨型电网等多个重大领域的发展，大力促进高温超导输电技术的研究和应用刻不容缓。它不仅可以解决严重的电力损耗问题，而且可以培育和发展相关的战略性新兴产业。

二、研究现状及主要技术问题分析

（一）高温超导输电示范工程

自 20 世纪 90 年代中期以来，液氮温度的高温超导材料制备技术取得了很大的进步，引发了世界范围内的超导输电技术研究开发热潮。美国、欧洲、日本、中国和韩国等都相继开展了高温超导电缆的研究，完成了多组高温超导输电电缆的研制，研究重点主要集中在高温超导交流输电电缆。美国南方电线公司于 1999 年首先在总部安装 30 米、12.5 千伏 /1.25 千安三相交流高温超导电缆，并进行供电运行；丹麦于 2001 年研制出 30 米、36 千伏 /2 千安的三相交流高温超导电缆，并进行并网运行实验。此后，国际上有多组更长距离的高温超导电缆并入实际电网运行，主要集中在美国，包括长度分别为 200 米、350 米，以及目前国际上最长的 600 米（138 千伏 /2 千安）等三组三相交流高温超导电缆已经完成了研制，并投入到实际电网示范运行。日本多年来一直致力于超导输电电缆的研究与开发，1997 年日本住友电气公司、古河电气公司及日本电力公司等已合作开展高温超导输电电缆样机的研制。2004 年，日本在经济、通商和工业省的支持下，古河电气公司和电力工业中心研究所（CRIEPI）等研制出 500 米、77 千伏 /1 千安单芯高温超导电缆。2006 年，日本住友电气公司完成了全球第一组以商业化方式订制的 100 米、22.9 千伏 /1.25 千安三相交流高温超导电缆的开发并交付韩国使用。

我国自“九五”以来，即开展了高温超导电缆的研究。1998 年，中国科学院电工研究所与西北有色金属研究院、北京有色金属研究总院合作研制成功 1 米、1 千安的 Bi（铋）系高温超导直流输电电缆模型，随后又先后完成 6 米长、2 千安高温超导直流输电电缆和 10 米、0.5 千伏 /1.5 千安三相交流高温超导输电电缆的研制与实验。2004 年，中国科学院电工研究所与甘肃长通电缆科技股份公司等合作研制成功 75 米、0.5 千伏 /1.5 千安三相交流高温超导电缆，先后安装在甘肃长通电缆科技股份公司和白银超导变电站中运行至今。2004 年 4 月，北京云电英纳超导电缆公司研制成功33.5米、35 千伏 /2 千安三相交流高温超导电缆，并在昆明普吉变电站投入运行。2011 年，中国科学院电工研究所与河南中孚实业服份公司合作，在中孚铝冶炼厂建成 360 米、电流达 10 千安的高温直流超导电缆，于 2012 年 9 月投入实际运行。以上工程的实施，为我国高温超导电缆设计、制造和运行积累了经验。

目前在世界范围内，在较长距离的高温超导电缆研究开发正方兴未艾，高温超导电缆的实用化步伐正在加速。韩国启动了 500 米、22.9 千伏 /1.25 千安的三相交流高温超导电缆的研制，电缆安装在首尔附近的配电网中 ，于 2011 年 9 月投入示范运行。美国超导公司与韩国 LS 集团于 2009 年 9 月建立战略合作伙伴关系，共同推进韩国现有电力传输网采用高温超导电缆的进程，预计在未来 5 年内将实现 50 千米高温超导电缆在实际商业电网中的使用和服务。德国和俄罗斯近期也分别启动了超导输电电缆研制项目，以期在超导输电技术发展中取得优势。

由于直流输电的优势及发展新能源的需求，近年来，超导直流输电技术的研究开发备受重视。2010 年，日本中部大学完成了一组 200 米、10 千伏 /2 千安高温超导直流电缆的研制和实验。韩国拟计划在济州岛智能电网示范项目中，研发一组 500 米、80 千伏 /60 兆瓦的超导直流输电电缆，并利用该电缆作为可再生能源接入电网的通道。2011 年 5 月，德国就开展千千米级高温超导直流输电示范工程的建设，召开了国际可行性专题研讨会。2011 年 8 月，在日本召开的第一届亚洲 - 阿拉伯可持续能源论坛，提出开发撒哈拉沙漠太阳能和风能发电，并采用超导直流输电技术将电力输送到欧洲和日本的宏伟计划。为此，日本住友电气公司已经启动了一项旨在利用超导直流输电构造全球性可再生能源网络的前期研究项目。

当前，高温超导电缆的总体发展趋势是，以示范工程为突破口，进一步发展实用化高温超导输电技术，逐步实现在更大容量、更长距离电力传输领域的应用。同时，从过去以开发交流超导电缆为主，到目前开始并重推进直流超导电缆的研究开发与示范。

（二）高温超导材料

超导材料是超导电力应用的基础。目前，实用的高温超导材料主要包括 Bi 系 [包括 $Bi_2Sr_2Ca_2Cu_3O_{10}$，即 Bi-2223；$Bi_2Sr_2Ca_1Cu_2O_8$，即 Bi-2212，也称为第一代高温超导带材（如 BSCCO）和 Y（钇）系 [$YBa_2Cu_3O_{7-x}$，即 Y-123，也称第二代高温超导带材（如 YBCO）] 高温超导带材。Bi 系和 Y 系高温超导材料可以在液氮温度（77 开）下运行，由于氮气资源极其丰富，且 77 开的液氮温度比液氦温度（4.2 开）高出 73 开，带来制冷成本的大幅降低，使得超导技术的大规模工业化应用成为可能。

以 Bi 系高温超导带材为代表的第一代高温超导带材，由于可加工成长带并具有较高的临界电流密度（77 开、自场下达 3×10^4 ~ 7×10^4 安 / 厘米 ^{2}）和良好的热、机械及电稳定性，使其率先进入了产业化生产阶段。工业化生产的截面约为 1 毫米 ^{2} 的带材，在 77 开与自场下的临界电流一般在 100 安以上，最好的接近 200 安。以 YBCO 为代表的第二代高温超导带材，由于其载流能力优于 Bi 系高温超导带材，近年来已成为超导材料领域的研究热点，美国和日本等相继制订了大规模研究计划，已取得了很好的研究成果。

Bi-2223 导线通常用粉末套管法（PIT），即将陶瓷性的超导材料粉末充填在金属套管（银管）里来制备，制备技术已比较成熟。Bi 系高温超导带材在 77 开下的不可逆场约为 0.4 特，临界电流易受磁场影响，在磁场下其临界电流衰减很快；另外，由于采用银套管等贵金属材料，生产成本较高。美国超导公司（AMSC）、德国布鲁克公司（Bruker）都曾有批量化生产千米长带材的能力，目前已停产或转产 Y 系超导带材。日本住友电工公司（Sumitomo）和我国北京英纳公司现在仍生产 Bi-2223/Ag 带材，年产能力分别为 500 千米和 200 千米。Bi-2223/Ag 导线已用于超导电缆、超导变压器、超导电机、超导限流器和大电流引线等的研发与示范工程。

YBCO 超导体具有优异的磁场下性能，77 开下的不可逆场达 7 特，比 Bi-2223 高出一个量级，外延生长的 YBCO 超导薄膜的临界电流密度在 77 开零场下一般均达到 10^6 安 / 厘米 ^{2}。由于 YBCO 超导材料的延展性极低，织构形成困难，Bi 系带材所用的粉末装管法不适用于其带材的制备，加工长带材需采用涂层技术将超导材料复合到一种柔性的金属基带上，从而也被称为涂层导体。

YBCO 超导带材主要由金属基带、隔离层、超导层与保护层组成，制备技术比较复杂。YBCO 超导层的制备过程是一种在纳米尺度上的可控晶体外延生长过程，目前主要采用的手段有激光沉积（PLD）、金属有机物化学气相沉积（MOCVD）和金属有机物化学溶液沉积（MOD）。

1999 年，第一根 100 米长的 YBCO 高温超导带材被制备出来后，YBCO 涂层导体在长度方面的制备技术瓶颈被突破，为其工业化应用奠定了基础，此后研发工作逐渐向企业转移。YBCO 带材研发工作目前领先的是日本藤仓（Fujikura）公司、美国超导公司和美国 Super Power 公司等。日本藤仓公司制备的 YBCO 带材性能最高，2011 年已制备出单线长 816.4 米临界电流达 572 安 / 厘米的带材，并用所制备的 YBCO 带材研制出一些具有商业用途的超导器件。美国超导公司研制的 4 毫米宽 YBCO 带材，临界电流保持在 100 安左右。美国 Super Power 公司是世界上首家制备出千米长 YBCO 带材的公司，其长 1065 米的 YBCO 带材临界电流达 282 安 / 厘米。目前，日本藤仓公司只向外界提供少量 YBCO 带材产品，美国 Super Power 公司产能约达 500 千米（12 毫米宽），美国超导公司产能约达 250 千米（40 毫米宽）。

我国 YBCO 超导带材的研发与生产工作也已起步，“十一五”期间，上海交通大学开展 YBCO 带材研究，2011 年研制出百米级的带材，临界电流达 194

安/厘米。近年来，国内企业开始介入 YBCO 带材的产业化。2011 年 2 月，永鼎股份公司在苏州科技园区成立了苏州新材料研究所有限公司，从美国引进研发团队并联合国内研发机构，计划2013年制备出千米级、百安培级的YBCO带材。2012 年，赣商集团联合上海交通大学创办了上海超导科技股份有限公司，上海大学联合上海汇阳超导材料有限公司共同组建了上海上创超导科技有限公司，它们都准备开展 YBCO 带材的研制。此外，西北有色金属研究院已实现 YBCO 基带的小批量制备，北京工业大学已与中国节能环保集团所属的中节能新材料投资有限公司签订了投资 YBCO 用基带产业化的协议等。

Tl（铊）系超导体是高温超导体中成员最多的家族，它在晶体结构上几乎涵盖了所有铜基氧化物高温超导体的晶体类型。由于其临界转变温度达 125 开，高于液化天然气温度，所以 Tl 系超导体的发展和应用有可能使超导输电在液化天然气温区实现。但由于 Tl 系材料具有高挥发性和毒性，目前开展研究较少。

最近几年，人们又发现了一些有应用前景的新型超导体，如 MgB_2 和铁基超导体等。虽然它们的临界转变温度都还低于 Bi 系和 Y 系超导体，但新型超导体的不断发现，突破了人们对超导机制的传统认识，表明了超导电性仍然是一片有待于大力开发和探索的前沿领域，并可能存在重大突破的机遇。实际上，具有更高转变温度的超导材料探索和研究（例如，200 开超导材料直至常温超导材料），始终是人类的不懈追求。可以预见，随着新型高临界温度超导体研究不断取得突破，超导技术在能源和电力等方面的广泛应用将变成现实，从而为未来电网的发展提供强大的技术支撑。

（三）低温制冷冷却系统

目前，高温超导电缆需要运行在液氮温区，因此必须有相应的低温制冷装置和冷却系统来保证其稳定运行。高温超导电缆的低温冷却系统具有一些重大特点：①通常采用过冷（65 ~ 72 开）液氮循环迫流冷却；②要稳定保持超导输电线路在低温下工作，系统的制冷量将达 1 ~ 2 千瓦/千米以上；③整个系统由多套相同的制冷与冷却装备连接组成。实用高温超导输电低温冷却系统的规模与水平将大大超过现有的低温冷却系统。

实现高温超导电缆冷却有多种制冷方式，如常压液氮沸腾制冷、减压降温制冷和低温制冷机等。对实用超导电缆，采用制冷机提供冷源实现闭式循环是比较合适的冷却方式，它自动化程度比较高，可以实现远程监控。

目前，国际上已有多种实现批量化商业生产的低温制冷机产品出售。近些年来，在 77 开温区下大冷量单级 G-M 制冷机和单级脉管制冷机的研发，取得了良好的进展。日本住友电气公司生产的低温小型蓄冷型低温制冷机（如 G-M 制冷机）在77开下的制冷量可达数百瓦甚至上千瓦。目前，商用的大型液氮制冷机还有斯特林（Stirling）制冷机和布莱顿（Brayton）循环制冷机等，国外法液空（Air Liquide）公司与林德（Linde）公司已能提供制冷量达数十千瓦的布莱顿循环制冷机产品，荷兰斯特林低温与制冷技术公司生产的斯特林制冷机则可在77开提供数千瓦的制冷量。但这些制冷机在液氮温区的制冷效率普遍在卡诺效率的0.1左右，较大型制冷机的制冷效率也仅在卡诺效率的0.15左右。从超导电力技术的实用化和产业化角度来看，目前的制冷系统在制冷效率、价格、使用寿命、可靠性等方面还有待于提高。

我国低温技术经过多年的发展，已积累了扎实的理论和技术研究基础，在国际前沿的新型低温制冷基础理论和关键技术方面都取得了突破，掌握了斯特林制冷机、G-M制冷机、脉冲管制冷机、透平膨胀制冷机等研制经验和技术，部分制冷机和低温制冷技术已经成功应用于包括高温超导电缆、高温超导限流器等超导电力示范装置上。

在高温超导输电示范工程方面，国内外已取得了一系列成果，但输电电缆最长仅610米，最高额定电压为138千伏，运行时间普遍较短，具有明显的试运行性质，与高温超导输电的实际应用尚有差距。要使高温超导输电技术尽快成熟，进入国家未来电网建设计划，实现大规模建设与运营的总目标，在技术上尚需解决如下问题。

1）高温超导电缆及示范工程相关研究。高温超导电缆采用液氮温度下工作的超导带材，作为导体层替代常规输电的室温工作的铜铝导线，其发展需要解决多方面的相关技术，如电缆结构和绕制技术、电缆绝缘技术、电缆终端与接头技术、低温杜瓦管技术、液氮制冷与循环冷却技术及安全运行技术等。此外，超导电缆冷却系统的运行稳定性和可靠性是决定超导输电可靠性的最重要因素，研究开发出最佳的长距离超导电缆的冷却技术无疑是一项十分重大的任务。因此，要发展高温超导输电还必须部署长期持续的示范工程工作，以求在输电工程的设计、建设、运行和维护方面取得突破。

2）高温超导材料研究。目前，Bi-2223/Ag高温超导导线已实现了商业化生产和产业化发展，在低场下的性能与价格较YBCO带材有一定优势，但由于其电磁性质具有显著各向异性，同时其电流密度会随着磁场增大而急剧下降，因而限制了它的应用范围。YBCO超导体具有更为优异的磁场下性能，电磁性质各向异性也较Bi-2223小一数量级。其由于不需要银作为基体材料，近年来一直是超导材料领域的研究热点。YBCO超导带材要获得实际应用还必须针对千米级的长带开展工作，解决关键制备技术，并进一步提高其性价比。Tl系和其他新的超导体有待进行深入研究，以探索在液化天然气温区使用的超导线（带）材。发展高温超导输电至关重要的是需要超导材料在技术性能和价格方面都有新的、重大突破，并形成规模化产业。

3）低温冷却技术研究。要真正实现高温超导输电的规模化应用，必须发展长距离、合理高效、安全可靠的大型液氮温区的低温制冷冷却系统，并实现产业化。整个低温制冷冷却系统的发展与成熟还需大力发展一系列关键低温技术，主要包括：高效、长寿命和高可靠性的大型制冷机的研发，长距离超导电缆冷却流程的优化设计技术和低温输配技术，低漏热低温杜瓦管的优化设计，以及低温系统监控与保护技术等。

4）一次、二次电气设备研制。高温超导输电线路由超导输电电缆和一次、二次电气设备构成。由于超导输电电缆比常规输电电流大，所以研发高载流、容量/功率匹配、性能符合要求的换流等一次设备和监控、继保等二次设备，并实现线路/系统的科学规划、建设、管理和运营也是发展高温超导输电的重要任务。

三、解决思路

我国的电力需求不断增长，大城市高密度、高可靠性供电、长距离大容量输电、接纳大规模新能源发电等技术能力都需要大幅提高，高温超导输电技术必将在这一发展需求中发挥重要作用。高温超导输电应成为我国电网发展的重要手段，在未来电网建设中发挥重要作用。近期，在大城市、大负荷过江河输电等特殊场合的大容量高密度超导输配电是可期望的应用点之一。为此，已刻不容缓地需要国家进行统一规划和部署，形成国家发展计划，组织强有力的队伍，给以长期稳定的有力支持，大力推动其发展与实用。

近年来已开始的发展直流输电是未来趋势。目前，世界上运行的直流输电系统共有百余个，容量为 100 万千瓦以上的有 29 个，我国已有三峡—华东、青海—西藏、宁东—山东等 10 多条直流输电系统投入运行。随着可再生能源发电的比重增大，直流输电正在迅速发展。根据我国电网发展的实际需求，大容量、直流高温超导输电应是我国当前超导输电发展的重点。

本咨询组对在我国发展高温超导输电取得了以下重要共识。

1）20 世纪 80 年代后期发现了液氮温区的高临界温度超导体，国内外积极进行着超导输电的研发与示范工作，显示了高温超导输电具有大容量、低损耗、体积小、重量轻、系统可靠性高、节约资源、环境友好等优势，期望能在 21 世纪前期进入超导电力输送的新时代。

2）我国电力需求仍在快速增长，终端能源中电力的比重将大幅度提高，正在大力发展可再生能源来逐步替代化石能源发电，使电力资源和负荷分布不均衡的矛盾将更加突出。从“十二五”开始，大规模建设特高压交直流输电已被提上日程，21 世纪上半叶将是建设高潮。高温超导输电应成为我国电网发展的重要手段，要形成国家计划，认真部署，大力加强其发展，使之尽早成熟到能在国内进行大规模建设与运营，使高温超导输电在国家巨型电网发展中发挥其应有的作用。

3）我国发展高温超导输电国家计划的总目标应是，尽最大努力使其能尽快（如 20 年内）按实际需求进入国家电网，并进行大规模建设与运营。为此，要全面系统地进行材料、装备和关键技术的研发，培育成长相关战略性新兴产业，循序渐进地建设和运营一系列超导输电示范工程，充分重视我国以远距离、大容量、高电压输电和直流输电为主要特点发展的高温超导技术。

4）由于整个发展要经历长时间（约 20 年）逐步提高的过程，涉及超导材料、超导电缆、大型低温工程、超导输电线路建设与运营及含有超导输电的巨型电网发展等多个高新技术重大领域和研发及产业化与建设运营等多个行业与部门的统一协调，要能有效地进入国家五年计划体系，要根据需求与实际进展，明确每五年或十年的分阶段目标，提出发展路线图。从当前已有基础和对需求的了解出发，可设想将整个发展路线图分为四个阶段。第一阶段为启动阶段，在“十二五”期间，组建队伍，结合过江河输电等需求建成千米级、百千伏、千安级的国家研发试验平台；第二阶段是在“十三五”期间，立足国内研发成功的材料、装备与技术和提供的产品，建成一条选定的长 10 千米级、数百千伏、千安级的直流输电商业运营示范线；第三阶段是在“十四五”与“十五五”期间，选择一条或数条实用线路，建成长百千米、更高电压与传输容量的实用线；第四阶段是在 2030 年以后，选择若干国家规划线路进行高温超导直流输电线建设与运营，逐步建成国家超导直流输电网，实现规模化应用。在起始阶段，重点应根据“十二五”的计划部署，尽快制订计划，开始工作，根据实际进展与需求逐步进行调整和完善。超导输电示范工程、超导材料、超导电缆、大型低温工程、高载流配套电力设备等高新技术领域应根据上述的总体分阶段路线图的要求，制定各自的发展路线图，以保证整体工作统一协调进行。

5）超导输电示范工程是整个超导输电国家计划的重要任务，也是超导输电工程化过程中不可或缺的重要环节。它需要国家资金的大力支撑，带动研发与产业化进程，培养锻炼工程设计、建设、运行、维护队伍的成长。综合考虑规模化实际应用的需求，有关材料、装备、技术研发、产业化及提高经济性能的可能性与现实性，以及对计划的持续支持，应重点开展超导线路设计、电网分析、布局规划、保护控制、工程建设、试验评估、线路运维等关键技术的研究，考察超导电缆、低温变流等设备及线路长期运行的性能和可靠性，提出与总体分阶段路线图一致的四阶段路线图设想，供制订国家规划与计划，部署工作时参考。

6）超导材料的生产是实现超导输电的基础。根据我国发展高温超导输电的实际需求，目前需在国家计划的大力支持下，认真部署研发工作，提高现有实用超导带材性能与单根长度，大幅度降低成本与出厂价格，扩大作为战略性新兴产业的规模。对新的和正在探索的临界温度更高、性能更好的超导材料，也应给予充分的关注。

7）超导输电电缆及其配套设备的研制、产业化和经济性能的提高是实现超导输电规模化应用的关键。当前，我国发展高温超导输电的研发工作尚处于初始阶段，队伍研发能力也比较薄弱，应尽快组成强有力、高水平的国家研发队伍。在国家稳定可靠的经费支持下，在“十二五”期间建成千米级超导输电研发和试验平台，为“十三五”期间建成十千米级商业运营示范线做好准备进行工作。关于“十三五”的工作计划及2020年实现百千米级实用线建设运营的计划，应根据实际需求，以及技术与产业发展的情况，逐步明确。

低温制冷系统是保证高温超导输电能安全稳定运营的重要装备，其规模将大大超过现有的低温制冷系统。应按超导输电分阶段路线图的要求，统一协调进行有关研发、试验运行考验与产业化工作。

实现超导输电技术评估、工程示范和应用推广的目标必须统筹部署。研发高载流、容量/功率匹配、性能符合要求的换流等一次设备和监控、继保等二次设备，实现线路/系统的科学规划、建设、管理和运营，最终形成与超导输电容量和性能相适应的一次、二次配套设备产业。

四、政策建议

超导输电电缆的研发与示范运行要实现在电力系统中安全、可靠的大规模应用，可能还需要20年左右的时间，超导输电设备产业近期内还难以给投资者带来经济利益，而且高温超导输电技术属于前沿的高新技术，包括超导材料、超导电缆、大型低温工程、超导输电线路建设与运营，以及含有超导输电的巨型电网发展等多个重大领域，涉及多个行业、专业和部门，要实现规模化应用，必须在研发、产业化与建设运营三方面坚持持续性工作，必须大力加强产学研用的有机联合，有效发挥各自优势，统一协调地进行工作。基于上述分析和达成的共识，为加速发展高电压、长距离、大容量高温超导输电，可在国家相关计划中进一步以重大项目为牵引，加强统筹协调，提出发展路线图并组织实施，具体建议如下。

1）从我国输电系统发展需求和高温超导输电的重大优势出发，进一步提高对发展高温超导输电重要性的认识。以尽快实现其在国家电网发展中规模化应用为目标，在国家相关计划中设立“高温超导输电”重大项目。并以国家投入和政策扶持为主，由国家为主导，尽快组织由相关部门领导、各方面技术专家组成的国家总体专家组，负责提出统一规划、工作计划与发展路线图，负责指导与检查计划的实施。

2）由于高温超导输电属于前沿高新技术，其发展涉及多个重大科技领域和多方面研发，在产业化与应用行业和部门之间加强统一协调，用户部门负责提出技术要求、待解决的关键问题和组织进行示范运行项目，并建立标准测试平台；研发单位和大专院校重点解决应用基础问题，共性关键技术及原理创新；产业部门重点解决工艺、配套技术和系统集成。建议在总项目下设立超导输电示范工程、超导材料、超导输电电缆、低温制冷系统和配套电力设备等五个分项，各分项应大力加强产学研用有机结合，有效发挥各自优势，统一协调地进行工作。各分项要按照统一的分阶段路线图，制定自己的分阶段路线图，保证整体工作统一协调前进。

3）由于整个发展要经历长时间（约 20 年）逐步提高的过程，而目前还处于起步阶段，所以整个计划要有效纳入国家规划体系，根据需求和实际进展，制订相应的项目计划。当前应首先抓紧制定“十二五”相关专项规划，按照分阶段路线图设想，大力组建强有力的队伍。以建成千米级、百千伏、千安级的国家研发试验平台为目标，全面系统地开展关键技术、材料与装备的研发与试验，使平台达到世界先进水平。开展多方面研究试验，为“十三五”建成十千米级的商业运营示范线打好基础。尽早落实“十二五”相关专项规划是当前能组织起来，有效开展工作的关键。

4）人才与队伍是能取得成功、快速前进的关键，应注意加速培养和引进高素质的科技人才，有计划地扶持一些优势明显的单位，形成面向不同核心技术的创新团队，采取有效的组织措施，保证各个团队能持续、稳定、协调工作，使得整个工作的骨干队伍能够快速成长与研发能力得到快速提高。

（本文选自 2013 年咨询报告）

咨询组成员名单

严陆光	中国科学院院士	中国科学院电工研究所
周孝信	中国科学院院士	中国电力科学研究院
甘子钊	中国科学院院士	北京大学
周　远	中国科学院院士	中国科学院理化技术研究所
卢　强	中国科学院院士	清华大学
赵忠贤	中国科学院院士	中国科学院物理研究所
周　廉	中国工程院院士	西北有色金属研究院
程时杰	中国科学院院士	华中科技大学
刘峰松	副局长	中国科学院院士工作局

肖立业	研究员	中国科学院电工研究所
林良真	研究员	中国科学院电工研究所
韩征和	教　授	清华大学
信　赢	教　授	北京云电英纳超导电缆有限公司
戴少涛	研究员	中国科学院电工研究所
来小康	研究员	中国电力科学研究院
唐跃进	教　授	华中科技大学
罗二仓	研究员	中国科学院理化技术研究所
王俊杰	研究员	中国科学院理化技术研究所
丘　明	研究员	中国电力科学研究院
李柏青	研究员	中国电力科学研究院
于坤山	研究员	中国电力科学研究院
古宏伟	研究员	中国科学院电工研究所
任　丽	副教授	华中科技大学
冯　霞	副研究员	中国科学院院士工作局
许　熙	秘　书	中国科学院电工研究所

我国钢铁发展中的资源能源问题

李依依　等

钢铁工业是国民经济和国防建设的重要基础产业，也是一个国家经济和社会发展综合实力的重要象征。我国钢铁工业产量、出口量、消费量均居世界第一位。自 1996 年粗钢产量突破 1 亿吨首次成为全球产钢第一大国后，我国钢铁工业一直保持快速增长：2003 年突破 2 亿吨，2005 年为 3.56 亿吨，2006 年为 4.23 亿吨，2008 年突破 5 亿吨，2010 年为 6.27 亿吨，至 2011 年已连续 16 年居全球首位。我国是全球最大的钢铁生产国和消费国，同时也是全球最大的铁矿石进口国和消费国。2011 年，全球粗钢产量为 15.27 亿吨，我国的粗钢产量为 6.96 亿吨，占全球总产量的 45.6%。《钢铁工业“十二五”发展规划》预测 2015 年国内粗钢导向性消费量约为 7.5 亿吨，峰值可能出现在 2015 ~ 2020 年，为 7.7 亿 ~ 8.2 亿吨。

随着我国经济的发展，资源能源约束正替代资本约束逐步上升为经济发展中的主要矛盾，钢铁工业表现得尤为明显。我国钢铁的巨大需求与资源、能源、环境可持续发展的矛盾日益突出。我国钢铁行业在相当长的时期内面临的资源、能源和环境问题瓶颈主要是，能源需求高速增长与能源供应短缺的矛盾；污染物过量排放与有限环境承载力的矛盾；能源以煤为主，矿石以贫矿为主等不利的能源、资源结构，导致我国钢铁行业在应对全球温室气体减排方面面临巨大压力。同时，钢铁大型铸锻件与焊接生产中的低端产能过剩与废品率高也是造成资源能源浪费的主要方面。

只有节省能源，提高资源利用率，才能实现可持续健康发展，解决钢铁工业发展中的资源能源问题，对于我国可持续发展至关重要。

一、我国钢铁工业发展中的资源现状与问题

1. 我国钢铁工业发展中的资源现状

铁矿石是钢铁生产的主要原材料，是钢铁工业可持续发展的基础。我国铁矿资源储量多，但经济可采储量少；贫矿多、富矿少，富矿仅占可采储量的

1.9%，品位平均为 33%，比世界平均品位低 11%；中小型矿山多，大型矿山少；伴生矿多，采选、冶炼难度大，生产成本高。截至 2010 年年底，全国累计查明铁矿资源储量 726.99 亿吨，其中基础储量 222.32 亿吨，资源量 504.67 亿吨。“十一五”期间，我国铁矿石新增查明资源储量 163 亿吨，有力地增加了铁矿资源储量。

随着我国经济快速发展，钢铁产量不断增长，同时对铁矿石需求也不断增长。虽然我国铁矿石产量一直在大幅度提高，但铁矿石品位低，经过选矿后的成品铁矿石满足不了钢铁生产大幅度增长的需要。我国已经成为世界上最大的铁矿石进口国，同时价格不断上升，对外依存度大。铁矿石资源问题将成为制约我国钢铁工业发展的战略性问题。

自 2004 年以后，我国每年进口铁矿石增量都在 5000 万吨以上，对进口铁矿石依存度达 50% 以上，2009 年为最高，约为 69%。表 1 为 2002 ~ 2011 年我国铁矿石消费与进口情况。

表 1　2002~2011 年我国铁矿石消费与进口情况

年份	生铁产量 / 亿吨	铁矿石消费量 / 亿吨	铁矿石消费增长率 /%	铁矿石进口量 / 亿吨	进口铁矿石占消费比例 /%
2002	1.68	2.68	15.3	1.11	41.4
2003	2.02	3.24	20.9	1.48	45.7
2004	2.52	4.04	24.7	2.08	51.5
2005	3.30	5.29	30.9	2.75	51.98
2006	4.04	6.47	22.3	3.26	50.4
2007	4.69	7.51	16.1	3.84	51.13
2008	4.71	7.53	0.3	4.44	59.0
2009	5.44	8.70	15.5	6.28	72.2
2010	5.90	9.44	8.5	6.18	65.5
2011	6.23	9.96	5.5	6.86	68.9

图 1 为 1990 ~ 2010 年我国钢铁工业铁矿石对外依存度变化。2010 年进口富铁矿石 6.18 亿吨，同比下降 1.43%，铁矿石对外依存度虽有下降，但仍在 60% 以上，多支付近 300 亿美元，全年进口铁矿呈现的是量少价增。2010 年生铁产量增长 7.4%，国产矿增长 21.6%。其中，我国钢铁生产企业进口铁矿石 4.20 亿吨，占总进口量的 67.96%；贸易企业进口铁矿石 1.98 亿吨，占总进口量的 32.04%。2011 年 1 ~ 10 月进口铁矿约 5.5793 亿吨，同比增长 10.9%，进口铁矿金额同比升幅 48%，已多支付 301.68 亿美元，约增加钢铁行业成本约 1960 亿元人民币，使量价齐涨。

图 2 说明了我国铁矿资源的自给率呈总体下降的趋势。我国经济持续 20 年的高速发展拉动了国际资源市场需求和大宗矿产品价格的新一轮上扬。然而，以

铁矿石为代表，我国在国际资源市场上“买什么，什么涨”，导致在国际铁矿石市场上几乎没有话语权，价格谈判举步维艰，局面十分被动。

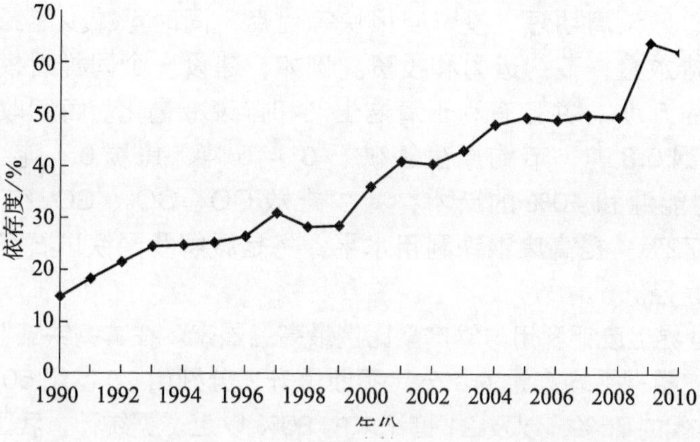

图 1　1990 ～ 2010 年我国钢铁工业铁矿石对外依存度变化

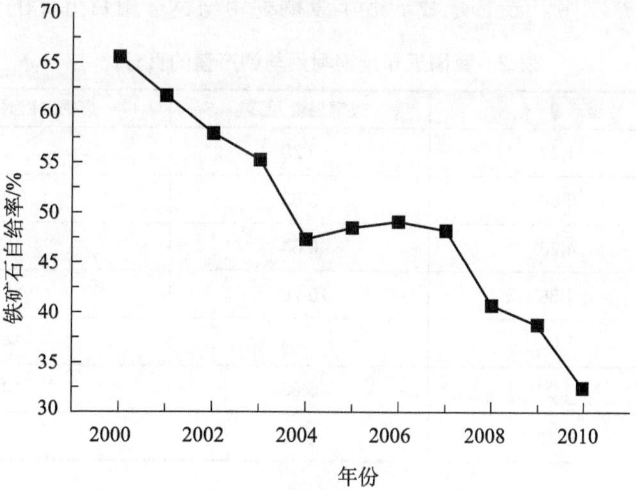

图 2　2000 ～ 2010 年我国铁矿资源自给率变化

我国钢铁工业依赖进口铁矿石的局面在短期内无法改变。一方面，尽管我国近年来加大了铁矿石资源勘探和开发的投资力度，但这些投资的增长仍不适应国内钢铁工业的增长，而且对铁矿山的建设也仍然需要一定的时间，短期内不可能满足国内的需求。另一方面，我国铁矿石资源禀赋条件差，一些产能尚未建成和释放。例如，巴西大型铁矿生产成本仅为 10 美元 / 吨，我国铁矿石的生产成本为 500 元 / 吨左右，远高于澳大利亚、巴西等国矿山的生产成本。因此，未来短期内我国仍将依赖于进口铁矿石资源。

废钢也是钢铁生产的主要原料，作为一种循环可再生资源，其载能和绿色环保功效显著，是目前铁矿石的最佳替代资源。我国钢铁产业发展政策中明确指出：要逐步减少铁矿石比例，增加废钢比重。“少吃矿石、多吃废钢”是世界钢铁业的发展趋势。废钢—电炉炼钢短流程与铁水—转炉炼钢长流程相比，具有占地少、建设周期短、投资回报快等优点，同时可减少能源消耗、水污染和废弃物排放量，节约运力和投资。例如，建设一个同样规模的钢厂，吨钢投资可节约 50%，并且有利于清洁生产和排废减量化。每回收利用 1 吨废钢铁，可炼钢 0.8 吨，节约原生铁矿石 3 ~ 5 吨、焦炭 0.4 吨、原煤 1 吨，节省 60% 的能源和 40% 的新水，减少排放 CO、CO_2、SO_2 约 86%，废水 76%，废渣 72%。提高废钢铁利用水平，将是缓解我国铁矿石资源危机必不可少的重要途径。

美国是世界上废钢利用与钢产量比例最高的国家。在其钢铁工业的发展过程中废钢用量占粗钢平均产量的百分比不断上升，分别由 20 世纪 50 年代的 70% 上升到 70 年代的 75%，以及 21 世纪末的 80% 以上。据统计，我国近年来废钢利用与钢产量比例呈下降趋势，由 2000 年的 22.7% 下降到 2010 年的 14.84%，远低于发达国家水平。表 2 是我国近年废钢利用与钢产量百分比的变化情况。

表 2　我国近年废钢利用与钢产量的百分比

年份	粗钢产量 / 亿吨	废钢用量 / 亿吨	废钢占粗钢百分比 /%
2000	1.27	0.29	22.8
2005	3.56	0.63	17.7
2006	4.23	0.64	15.1
2007	4.88	0.76	15.6
2008	5.00	0.74	14.8
2009	5.68	0.83	14.6
2010	6.27	0.92	14.7

现在，我国每年废钢的消费量大约为 1.2 亿吨，其中 8000 万 ~ 9000 万吨由钢铁厂消费，其余由铸造行业的一些企业消费。国内废钢消费量中，企业自产废钢占 30% ~ 40%，社会回收废钢占 55% ~ 60%，进口废钢占 5% ~ 10%。

我国国产的废钢来源一般是三个方面：一是钢铁企业在生产过程中的自产废钢，目前我国钢铁企业钢材成材率为 95% 左右，相应自产废钢占钢产量的 5%；二是工矿企业生产过程中产生的边角余料等加工废钢，社会钢材加工废钢量一般占当年钢材消费量的 3%；三是社会生产、生活、国防等废弃钢铁材料的折旧废钢。

2. 我国钢铁发展中资源存在的主要问题

钢铁工业资源消耗量大、对外依存度高，其主要原因如下。

1）我国钢铁生产工艺流程和消费趋势决定资源消耗量大。我国单位（每万亿美元）GDP消费钢材量大，美国是93千克，日本是136千克，而我国达1133千克。钢铁冶炼仍是以矿石—高炉—转炉长流程为主，产量占85%左右，而废钢—电炉短流程仍在低位运行，导致废钢采购价格同比增长13.68%。2009年，重点企业电炉钢产量占比为7.18%，2010年占比为6.97%，有所下降。

2）成本压力大，行业效益低，进口铁矿石量少价增，价格不断攀升。我国铁矿资源安全保障供应体系目前尚未形成，供应不足已成为制约经济发展的瓶颈。我国作为世界上最大的铁矿石进口国，2010年进口铁矿61 864万吨，同比减少913万吨，但多支付近300亿美元，全年进口铁矿呈现的是量少价增。成本增加使得钢铁行业进入微利或无利阶段。2010年，宝山钢铁股份有限公司、武汉钢铁（集团）公司和鞍山钢铁集团有限公司三家央企利润262.9亿元，行业销售利率2.9%，低于全国工业行业平均水平6.2%和银行3.5%的利率。

3）技术研发滞后，限制资源利用。虽然近年国内铁矿产量有所增长，支撑了钢铁工业稳定发展，但老矿技术改造与扩建和新矿山的建设明显滞后，科技支撑力度不够，地质勘探中可开采利用的有效工业储量严重不足。

4）废钢供需矛盾突出，废钢不足，质次价高。废钢资源中由于技术进步使自产废钢在减少，约占1/3；社会采购废钢约占2/3，但难以规模化利用；国内废钢蓄积量由于进入工业化时间短尚未达到一定数量；进口废钢价格高；加工处理技术装备水平还有待提升；废钢铁企业发展还需规范；国家政策支持力度不够。各方面的原因造成我国废钢应用发展速度缓慢，因此要大力提高废钢回收能力和应用范围。另外，采用废钢＋电炉炼钢是一种环保的生产方法，国家应当鼓励，但是我国对废钢经营者征收17%的税，使废钢价格居高不下，在一定程度上使电炉加废钢的生产方式难以生存。

二、我国钢铁发展中的能源现状与问题

1. 我国钢铁发展中的能源现状

2010年，我国钢产量达到6.27亿吨，占全球粗钢产量的44.3%。2010年钢铁行业的能源消费量为47 286万吨标准煤（当量），与2005年相比我国钢产量增长了176.12%，能源消费总量增长了142.47%，能源消费量增幅低于钢产量增幅33.65个百分点，能源消费强度大幅减低。“十一五”期间，钢铁行业工业增加值约占国家GDP的3.25%（平均值），“十一五”钢铁行业工业增加值的累计节能率可实现28.73%，将超额完成对应国家GDP能耗下降20%的要求。按钢铁行业工业增加值占国家GDP的3.25%计算，钢铁行业为

国家 GDP 能耗下降 20% 的贡献率约为 0.88%，对国家 GDP 节能贡献率百分比为 4.4%。

表 3 为我国“十一五”期间重点大中型企业能源利用情况。2010 年，我国重点大中型钢铁企业吨钢综合能耗由 2005 年的 694 千克标准煤 / 吨下降至 605 千克标准煤 / 吨，吨钢综合能耗下降 12.8%。

表 3 “十一五”期间重点大中型企业能源利用情况

年份	2005	2006	2007	2008	2009	2010
重点大中型企业钢产量 / 亿吨	2.84	3.49	3.8	4.15	4.82	5.14
占全国粗钢产量比例 /%	80	83	79	81	84	82
重点大中型企业总能耗 / 亿吨标准煤	1.97	2.24	2.55	2.60	2.99	3.11
重点大中型企业吨钢综合能耗 /（千克标准煤 / 吨）	694	640	632	627	615	605

虽然我国钢铁工业吨钢综合能耗有明显的下降，但由于我国粗钢产量持续高速增长，钢铁工业的总能耗也逐年增大，2010 年按国家统计局的黑色金属冶炼及压延加工业能耗总量达到 47 286 万吨标准煤（当量值），比 2005 年增长 42.6%，黑色金属冶炼及压延加工业能源消费量占国家能源消费量比重达到 14.91，呈上升趋势。

2. 我国钢铁发展中能源存在的主要问题

我国是以煤炭为主要能源的国家，能源消费中煤炭居主导地位，比世界平均水平高出近 40%，多元化的能源结构远未形成，而且我国钢铁行业中的以高炉—转炉为主的工艺，导致我国铁 / 钢比高。另外，焦煤资源紧张，我国铁矿石的对外依存度已经达到了 74.3%。这些都使我国钢铁工业可持续发展面临巨大压力。钢铁发展中能源存在的主要问题如下。

1）能源利用与节能系统不合理。钢铁行业普遍存在着把高品位的蒸汽经过节流后降为低品位的蒸汽使用，把高炉煤气和焦炉煤气混合供给工业炉做燃料，水淬高炉熔渣余热水供冬季采暖等用能不合理的现象。在系统节电上，还存在落后的电器设备，企业电力调度尚未形成数字化、自动化的系统，以及根据负荷容量合理调整供配电系统等。

2）余能、余热资源的利用效率低。从提高二次能源利用角度和节能潜力分析，更关注的是损失的绝对量。2009 年，焦炉煤气损失量超过 7 亿米^3，高炉煤气损失量超过 322 亿米^3，转炉煤气损失量超过 40 亿米^3，这说明焦炉、高炉、转炉煤气利用的节能潜力尚未发挥出来。提高企业副产煤气综合利用与资源化是钢铁行业重要的节能方向。总体判断“十一五”期间钢铁行业余热资源的利用效率为 40% 左右，仍有较大的节能空间和潜力。主要表现在：余热品质低，压力波动，含水量高等；余热汽源比较分散，利用效率较低；二次能源回收利用技术节能效果有待进一步提高，高能质的炉渣显热缺乏有效的回收利用技术；高能质二次能源转换为低能质蒸汽，蒸汽回收利用效率不高；钢铁企业自发电水平需进一步提高。

三、我国特殊钢的现状与问题

1. 我国特殊钢的现状

特殊钢一般是指具有特殊的化学成分（合金化）、采用特殊的工艺生产（特殊的冶炼或加工处理）、具备特殊的组织性能（耐磨、耐热、耐蚀、高强度、优良电磁性能等）、能够满足特殊的使用要求的钢类。

我国特殊钢消费的主要领域是制造业，其中，汽车与机械工业消费量最大，分别占我国特殊钢产量的 40% 和 32%，其次是石化工业占 13%。我国特殊钢的品种和产量可以满足国民经济建设 80% 以上的需求。近年来，由于我国机电工业和装备制造业的快速发展，轴承、紧固件、弹簧、工模具钢等高端特殊钢的需求年均增长都超过 20%。

与普通钢相比，特殊钢发展相对较慢，与国外先进水平差距较大：一是普通钢市场需求旺盛，特殊钢需求量少；二是电费高，废钢缺少，质量差，价格高；三是赢利能力弱，自身积累能力弱，投入不足；四是多用于国防工业，技术对外保密，缺乏交流。特殊钢行业的整体发展水平差距明显：一是特殊钢企业数量多、规模小、布局分散、集中度低；二是特殊钢的普通钢化特征明显；三是特殊钢品种中低端产品多，低端产量过剩，高端产品少；四是工艺技术装备水平参差不齐；五是与先进国家相比我国特殊钢产品质量差且性能不稳定。

未来国内特殊钢消费市场中潜力较大的领域有工程机械、石油化工、核电、火电、运输机械，以及航空、军工等行业。比如，铁路用材、不锈钢运煤车、超高压电网、海洋工程装备及配套设备、低碳产业、高档数控机床、新型高效农业机械等都需要用特殊钢材。而一些传统产业，如汽车工业、造船工业、发电设备、大型冶金和矿山机械设备等对特殊钢材的品种质量需求正在由中级向高级发展。

近年来，我国特殊钢的生产情况如表 4、表 5 所示。国产不锈钢材满足国内市场程度进一步提高，说明国产不锈钢产品国际竞争能力进一步提高。在我国特殊钢企业中碳素钢的比例较高，约占 40%，合金钢的比例相对较低，约占 25%，低合金钢处于中间位置，约占 35%。这是我国特殊钢产品与国外最大的一个差别，也就是说我国很多特殊钢产品实际上不是真正意义上的特殊钢产品。

表 4　2006 ~ 2010 年我国不锈钢生产和进出口情况　　（单位：万吨）

年份	2006	2007	2008	2009	2010
不锈钢粗钢产量	530	720.6	694.3	880.47	1125.6
其中：Cr-Ni 钢（300 系）	330.4	418.9	350.86	458.41	582
Cr 钢（400 系）	118.5	183.9	186.24	255.62	312.6
Cr-Mn 钢	81.1	117.8	157.22	166.44	230.9
进口不锈钢	250.1	169.8	121.25	129.77	106.74
出口不锈钢	90.4	130.3	105.66	75.2	153.78
不锈钢消费量	595	658	624	822	940

表 5　我国特殊钢的产量　　（单位：万吨）

品种	2006 年	2007 年	2008 年	2009 年	2010 年
优质合金钢	630	866	1018	817	1230
合金结构钢	876	1036	1136	944	1290
轴承钢	163	209	204	184	245
弹簧钢	227	278	262	301	346
不锈钢	530	720	694	880	1125
电工钢	288	386	391	412	497
碳素工具钢	3	3	2	3	4
合金工具钢	13	15	13	11	15
高速工具钢	3	3	2	9	13
优质碳素结构钢	5718	6870	6800	5571	7521

2. 我国特殊钢存在的主要问题

1）特殊钢的划分范围不规范。特殊钢在世界上没有统一的划分标准，目前我国与俄罗斯、日本的划分相似，分为优质碳素结构钢、碳素工具钢、合金结构钢、合金工（模）具钢、高速工具钢、不锈（耐热、耐酸）钢、轴承钢、弹簧钢等，也就是通常所谓的八大类。但随着我国钢铁工业的快速发展，为了提高我国特殊钢的生产水平，需认真研究我国特殊钢的划分范围。

2）特殊钢不特，普通钢化倾向明显。我国目前这种特不特、普不普，普、特企业趋同化的发展，低端化的生产，同质化的竞争，已到了一个比较严重的地步，大部分特殊钢企业都同时生产普通钢，真正专业化生产特殊钢的企业为数不多。

3）大量建设高炉和转炉，短流程向长流程发展。据调查，采用长流程高炉 + 转炉 + 精炼的方法生产特殊钢，一般要比采用废钢 + 电炉流程生产特殊钢成本低，为（300 ~ 500）元 / 吨，且质量容易保证。但此方法需要耗费大量矿石，目前矿石价格几乎被西方国家垄断，价格不断上涨，给企业的成本压力也越来越大。

四、我国大型铸锻件与焊接的现状及存在的问题

我国是铸锻件生产大国，铸锻件产量连续十余年位居世界第一位。我国大型铸件产量从2005年的20.5万吨增至2009年的44.6万吨，年增长率达21.45%；大型锻件产量从2005年的15.1万吨增至2009年的32.5万吨，年均增长率达21.12%。大型铸锻件生产装备已达到世界先进水平，例如，全世界共有25台万吨压机，中国拥有15台，但大型铸锻件的整体制造技术仍落后于国外先进水平，质量稳定性差、材料利用率低、产品合格率低。

大型铸锻件存在的主要问题是低端产能重复投入严重供大于求，大量形状复杂、技术含量高、材料性能要求高的高端大型铸锻件长期依靠国外供应。

钢铁产量的快速增长拉动了我国焊接材料产业的发展，1996年焊材产量约75万吨，2010年焊材产量已到达445万吨，增长了6倍。预测2015年我国的钢材需求可能为7.5亿吨，据此预计2015年我国焊接材料的产量为530万吨，“十二五”期间平均每年增长20万～30万吨。

焊接存在的主要问题是大工程中许多关键部件的制造依赖焊接，而我国焊接装备水平低。AP1000核电容器及堆内构件的组装、高速列车转向架及车体制造、西气东输管线都要采用焊接技术来完成。焊材产品中以中低端焊条为主，高端焊材80%依赖进口，例如，高速列车（CRH5）车体铝合金焊材全部进口；核岛主设备焊材进口。目前，我国造船业焊接多数属于手工或半自动化，自动化程度低。

五、我国钢铁发展中的资源能源对策与建议

1. 从钢铁源头上减量化用钢，大力发展钢铁新工艺及高端节材产品

目前最根本、最有效的办法是依法控制和管理新上钢铁项目，大力减少进口矿石量，加强国家统筹安排，控制钢铁出口低端产品，提倡炼钢短流程工艺，控制新上高炉。在钢铁企业中，运用科技手段研发并推广应用新技术和新产品，例如，工程建设460兆帕以上的高强度钢板、400兆帕以上热轧带肋钢筋在占消费量35%的基础上在2015年将达到80%以上。同时，降低铁钢比、提高连铸比和成材率等，都可减少铁矿石用量。

我国应从提高资源利用率、节能减排与循环经济，以及降低地、采、选、冶成本方面探讨铁矿山在地质、采矿、选矿方面亟待解决的重大关键技术问题。

（1）提高资源利用率

研发我国铁矿找矿与隐伏铁矿勘查新技术。以冀东沉积变质铁矿向斜成矿模式及找矿研究为重点开展全国隐伏铁矿勘查技术研究。进一步查明大、中型铁矿的空间分布特征，总结并确定铁矿的各类磁异常和矿体定位的空间关系。采取地质－地球物理相融合技术，充分发挥现有航空物探综合站、航空磁三维梯度测量系统探测技术优势开展深部找矿，提高资源探测水平。

研发铁矿贫铁矿床采矿方法联合高效开采和充填法采矿综合关键技术，实现低成本充填；提高贫矿资源开采率，降低贫化率，实现无废开采；研究出诱导冒落采矿法、低贫化放矿的控制方法和深部开采、矿山塌陷区边坡与周围生态环境的动态修复技术；实现露天转地下增产衔接。

研发贫杂铁矿资源高效加工与利用关键技术。包括微细磁铁矿、赤铁矿和镜铁矿高效选矿技术与工艺、含碳酸盐铁矿石的高效分选技术与工艺、复杂铁矿石深度还原——高效分选技术、贫杂难选氧化铁矿石闪速磁化焙烧技术与装备，提高资源利用率和水循环利用率，降低单位产量能耗，提高综合回收共生、伴生矿种能力和重点铁矿山劳动生产率。

（2）节能减排与循环经济

研发冶金矿山采选节能降耗关键技术，包括爆破能耗与矿岩破碎效果关系、采矿工艺能耗优化技术、多形式运输系统联合开拓节能关键技术、矿山通风系统节能降耗技术、矿山设备能耗高效利用技术。形成冶金矿山采矿主体工序能量合理分布优化技术，降低采矿工序能耗。

研发冶金矿山固废堆场生态修复及迁移污染控制技术，包括矿区土地资源恢复利用关键技术、矿山酸性废水处理及资源化关键技术与装备、排土场重金属污染土壤生物修复技术、排土场重金属控制迁移技术、矿山废弃地梯级利用与植物修复结构优化成套技术。建立矿区土地恢复利用评价系统、合理恢复利用模式及矿区土地资源数据库；开发出矿山酸性废水净化处理及资源化关键技术及装备；建立面向矿山固废堆场重金属污染评价系统模型及软件；形成一批金属矿山固废堆场污染控制和生态修复技术规范标准。

加强金属矿山高效采选装备研制与应用，包括高效率电传动地下运输车、地下大型低污染铲运机、高效多功能锚杆钻装车、高效深孔凿岩设备、地下矿山安全环保型炸药及地下中深孔乳化炸药装药车工艺设备、新型铁矿高压辊磨机、大型永磁高梯度磁选机、大型塔式超细搅拌磨矿设备、60 米大型重载中心驱动高压浓密机、新型重浮碟、低温超导高梯度磁选机的研制与应用。实现提高运输效率、实现选矿厂节能降耗，提高金属回收率。

2. 加强钢铁企业余能余热综合利用与节能管理

贯彻按质用能、梯级利用的科学理念，加强先进余能、余热的高效回收与转换技术和废弃物资源化技术的开发与推广应用。大力减少高炉煤气和焦炉煤气的浪费，有效利用高发热值的煤气和余热蒸汽。走可持续发展之路，推行全流程清洁生产，强化管理创新，焦化回收余热服务社会，如太钢回收焦炉余热，为太原市居民提供采暖热源；城市燃气稳定供应保障，配套焦炉煤气脱硫脱氰及储存加压设施，参与城市煤气调峰，为居民生活提供清洁燃气。

建议国家将钢铁企业利用自备能源发电给予相应的优惠，减免上网费、过网费等，鼓励钢铁企业自备能源的利用。

3. 修订我国特殊钢的划分标准，重视特殊钢流程研究

为了提高我国特殊钢的水平，需要认真研究我国特殊钢的划分范围，建议优质碳素结构钢不再列入特殊钢范畴。加强特殊钢流程研究，提高特殊钢产品质量，增加特殊钢的比例，促进规模化、特色化、专业化生产。

4. 加强废钢利用与管理

国家加强对废钢的管理，对社会采购废钢进行集约化经营，制定统一标准及准入制度，建议取消对废钢经营者征税的规定。

加快实施废钢等二次钢铁原料的开发与利用。整顿废钢流通秩序，建立大型回收企业，统一调配资源，控制资源流向；实施废钢铁“精料入炉”、“科学配料”制度；国家应将废钢列入再生资源优惠产品目录；国家从 2011 年起，取消了对废钢铁增值税的优惠政策，又缺乏对不规范纳税的小回收和小钢厂的管控，使得新兴的加工配送企业和废钢铁应用企业增加了采购废钢的成本，应恢复或出台其他鼓励正规企业的办法；加强行业系统培训和专业教育；完善全国性的废钢数据统计；出台鼓励进口和开发海外资源的优惠政策。

5. 加强铸锻焊行业规范化制造技术

针对大型铸锻件生产过程制定全流程详细生产规范，实现信息技术与大型铸锻件生产过程相结合，达到“可控可视”。企业严格执行操作规程，推广清洁制造技术，实现稳定化、高质量批量生产。加强高端焊接材料的研发，完善我国焊接材料体系，重视焊接技术和专业人才培养。

（本文选自 2013 年咨询报告）

咨询组成员名单

李依依	中国科学院院士	中国科学院金属研究所
翁宇庆	中国工程院院士	中国金属学会
王一德	中国工程院院士	太原钢铁（集团）有限公司
牛京考	教授级高级工程师	冶金科技发展中心
高　怀	教授级高级工程师	中国金属学会
王镇武	教授级高级工程师	中国金属学会
孔令航	教授级高级工程师	中国金属学会
唐　荻	教　授	北京科技大学
米振莉	研究员	北京科技大学
冀　岗	高级工程师	太原钢铁（集团）有限公司
张国志	工程师	太原钢铁（集团）有限公司
谢海运	工程师	太原钢铁（集团）有限公司
谭若兵	研究员	中国科学院金属研究所
戎利建	研究员	中国科学院金属研究所
李殿中	研究员	中国科学院金属研究所
陆善平	研究员	中国科学院金属研究所
李秀艳	研究员	中国科学院金属研究所
孙明月	副研究员	中国科学院金属研究所
王　培	博　士	中国科学院金属研究所
张玉妥	教　授	沈阳理工大学 中国科学院金属研究所

关于加强国家药品应急信息化建设的建议

陈凯先　等

在经济全球化、社会复杂化的时代背景下，我国在高速发展的同时也面临着生态环境恶化的严峻形势，非常规突发性公共事件已日益由非常态化的偶发趋向常态化的频发。数据显示，我国平均每年因自然灾害、事故灾害和社会安全事件等突发公共事件造成人员的伤亡逾百万人，受灾害影响的人口有 2 亿左右。药品是应对突发事件、救治伤病员必不可少的物资，关系到人民的生命安全。回顾 2008 年的“3 · 14”事件和汶川地震、2009 年的“7 · 5”事件、2010 年的玉树地震等灾害事故的应急药品保障情况，总体上不仅存在着供需在时间、空间、数量与品种上的矛盾，而且存在着两级储备体系脱节、地方内部及军地协调不畅等问题。例如，在汶川和玉树地震救灾中出现药品短缺与过剩并存的情况（前方短缺、后方过剩；一线短缺、二线过剩；早期不足、后期过剩），造成卫生救援不及时和药品浪费严重的后果，严重影响了医疗卫生救援的效率，其根本原因是应急信息不通畅、应急药品信息化跟不上应急保障的需求。

加强国家药品应急信息化建设，增强药品应急保障过程中信息的沟通协调能力，已成为当前药品应急管理部门急需和必须解决的问题。以美、日为代表的发达国家经过近 30 年的持续建设，药品应急信息化体系已日臻完善。与我国同为发展中国家的印度，药品应急信息化也走在我们的前面，其“印度灾害资源网络”包含了包括医药资源在内的大量的应急物资信息，使得灾害管理者在应急指挥时可以在较短的时间内调配所需的各种资源。近年来，我国利用已建成使用的“全国传染病与突发公共卫生事件网络直报系统”，使甲乙类传染病的报告发病数比系统建立前提高了 30%；2003 年以前，传染病疫情从医疗机构报告到县区疾病预防控制机构平均需要 4.9 天，现在缩短到 0.7 天，报告的及时性提高了 7 倍。可见，加强国家药品应急信息化建设是提高应急药品保障效率的关键。

药品应急信息化是实现药品精确保障的核心。如果把整个药品应急保障工作看成一个人体，那么药品应急信息化建设就是要打造人的神经感知系统，没有“神经感知系统”的药品应急保障就是“瞎子”“聋子”，在药品应急调配过程中只能是盲目和无序的。所以，药品应急信息化建设是药品应急保障工作的中枢和核心，这主要是由以下因素决定的：一是应急药品自身因素。应急药品需求的不确定性及药品本身作为特殊商品的属性决定了应急药品保障的复杂性。药品应急信息化建设能够减少无价值的工作环节和程序，以最简易、最少盲目性的方式提供保障，实现高效、节约和简易的目标。二是“精确保障”的需要。应急药品保障“迷雾”要求应急药品能实现“精确保障”。“精确保障”依赖于精确的应急药品需求预测和对药品保障过程的时时感知，这就意味着对应急药品需求和现有存货要有精确的、及时的可视性。信息技术的飞速发展及其在药品信息化领域的广泛应用，如GIS、射频技术、云计算，为这种可视性提供了现实的可能性。三是应急药品管理的需要。信息技术为实现应急药品全方位的精确管理提供了高效率平台，信息系统在国家和地方两级药品储备的入库、出库分类中发挥了重要的作用，在药品筹措、生产、应急研发、应急物流及使用等管理环节上，保证了应急药品管理的规范化，为应急药品的精确管理提供了准确的数据。另外，药品应急信息化建设也是实现数字化预案和智能化保障的基础。

信息通信技术、计算机技术的高速发展为药品应急信息化建设提供了千载难逢的机遇。作为国家应急信息化建设的重要组成部分，地震、消防、防疫等应急信息化建设的快速发展也给药品应急信息化建设带来了急迫的需求。药品应急信息化建设已成为当前国家一项重要的战备任务。

一、我国药品应急信息体系存在的问题

与国内外其他应急部门信息化相比，我国药品应急信息化无论在应急药品管理机构，还是应急药品生产、供应和使用机构，都没有形成严格意义上的药品应急信息体系。现有的松散型药品应急信息体系不能适应药品应急保障联动、高效及时、精确供应要求，主要表现在应急信息化建设管理不到位、投入不足、条块分割，水平相对落后等方面。

1. 缺乏统一的建设规划

国家药品应急保障涉及国务院应急管理办公室、工业和信息化部、国家食品药品监督管理总局、国家卫生和计划生育委员会、财政部等部门，以及医药企业、医疗机构和保障对象等。由于缺乏统一的药品应急信息化建设规划，没有统一的建设指南、建设标准、应急药品（包括机构）编码和行政规章，国家没有形成能够有效互通互联、信息共享的药品应急平台。虽然药品应急管理部门的政务网、医药企业物流信息系统、医疗机构的医院信息系统（HIS）、药学事业团体的药品数据库等都已投入建设并不断成熟，但由于各系统平台、计算机接口及数据标准不统一，使得各地、各部门的技术断层比较大，系统地整合比较困难，形成

药品应急“信息孤岛”，导致药品应急保障过程中的“牛鞭效应”。

2. 软硬件建设相对落后

由于药品应急信息化建设还没有提到国家政务层面的议事日程，现代化的药品应急信息平台尚未开始建设，在药品应急保障时只能使用如储备平台、库存平台替代，也没有形成全国统一的中央、地方两级医药应急储备系统。相对于其他公共卫生平台建设，药品应急平台相对滞后，且存在地域发展不平衡——东部优于西部、行业发不平衡——医药行业相对较好、基础建设不平衡——硬件优于软件等现状。

3. 信息利用机制不健全

在药品应急保障过程中，应急信息的有效利用是提高药品保障效率，实现精确保障，解决应急药品保障过程中“牛鞭效应”的有效途径。因此，信息的传输、共享、处理和利用是药品应急信息化建设必须要解决的问题。目前，我国的气象、地震、水利、农林、卫生、运输、反恐、消防等部门的应急信息的共享性较差，药品应急信息由于涉及商业利益，药品应急保障历史数据较少，造成对于药品应急保障智能决策和数据化预案可提供的技术支持能力较差。归根结底，这是由于没有形成一个有效的药品应急信息利用机制。

4. 投入不足

信息化建设需要大量的资金投入，特别是经济基础薄弱地区的经费短缺情况更为显著，设备简陋且数量不够，部分早年配备的计算机现已落伍，面临着更新换代的问题。而经济不发达的地区，发生非常规突发事件的概率更大，加之医药行业和医疗机构欠发达，更需要加强药品应急信息化建设的力度，来提升应急药品保障能力。

5. 人才素质不适应

目前，能适应药品应急信息化建设需要，具备药学、软件和应急管理等综合知识的人才数量有限，也是影响药品应急信息化建设的瓶颈之一。药品应急信息平台建设所需的计算机专业人才相对较少，且人员分布很不平衡，而既懂计算机技术，又懂药学专业和应急管理的复合型人才更是严重匮乏，在很大程度上制约了药品应急信息化建设的推进。大部分药学人员掌握的仅仅是医院药品仓库管理系统的应用软件，只能在配药岗位上发挥作用，且有限的专业人才基本集中在经济发达的地区，基层平台的人员极其缺乏，造成药品应急信息时效差，传递不及时、数据不准确或过时等现象。

二、加强国家药品应急信息化建设的建议

为加强国家药品应急信息化建设，特提出以下建议。

1. 尽快完成药品应急信息化顶层设计

建议由工业和信息化部、国家卫生和计划生育委员会、国家食品药品监督管理总局、国家中医药管理局、财政部等与药品应急相关部门组成国家药品应急信息建设与运行领导小组，领导小组下设国家药品应急信息化建设与运行中心，运行中心办公室可设在负责药品生产供应的工业和信息化部，充分发挥领导小组和运行中心的沟通及协调作用，着力推进国家药品应急信息化建设。

建议进行国家药品应急信息化系统框架设计，制定《药品应急信息化建设指导意见》。成立由药学专家、信息专家、应急专家等组成的国家药品应急信息化建设与运行专家组，并在国家药品应急信息化建设与运行领导小组的领导下，在建设与运行中心的协助与指导下，着手进行药品应急信息平台的框架设计与《药品应急信息化建设指导意见》的制定。

建议加强药品应急信息标准化建设，建立统一的药品应急信息化建设标准体系，加快药品应急信息基础标准、信息管理与共享服务标准、信息网络系统标准、数字化技术规范、信息标准分类规范等信息标准的制修订和推广应用，促进网络互联互通、应用协同互动和信息共享利用，并正式启动《国家药品应急信息化建设规范》制定工作。

2. 充分利用现有药品应急信息资源和先进信息技术

建议充分梳理、立足需求，加强硬件建设。对全国与药品应急有关的部门及机构进行全面调研，充分掌握国家药品应急管理部门、医药企业、医疗机构等信息化现状，对现有的硬件资源进行有效整合，优化资源配置，进行国家药品应急信息化建设，避免重复建设以发挥基础建设的最大功能。在硬件建设过程中充分利用互联网、射频技术、GIS、云计算等先进的科技手段。同时在硬件建设过程中着力解决地区建设不平衡的问题，充分考虑地域经济发展不平衡状态，对欠发达地区的硬件建设给予政策和财政上的倾斜，使药品应急信息化建设全国一盘棋、统筹协调发展。

3. 建立全国联网的药品应急信息系统

建立全国统一的药品应急信息系统是为了解决各应急管理部门、医疗机构、医药企业之间的“信息孤岛”问题，实现药品应急信息的高效共享、传输与利用。该系统应整合气象、地震、水利、农林、卫生、运输、反恐、消防等部门的

原始、预测、预警、发布信息，从中评估应急药品的需求，保证相关资源调度的准确性、完整性和及时性，达到加强跨部门应急信息沟通，消除信息传输障碍的目的。

4. 加强药品应急辅助决策技术方法研究

建议加强药品应急辅助决策技术研究、药品应急信息再利用研究和应急药品编码研究，使药品应急信息化有科学理论、方法、模型可依，从而使药品应急信息化辅助决策功能科学合理。

5. 加大财政投入和人才培养力度

药品应急信息化建设属于公共服务产品建设，要加大投入力度，保证药品应急信息化建设的顺利进行。要理顺信息化建设的投入机制，建议由财政部门统一预算划拨，按照国库集中支付的有关规定办理，专款专用。加大医药、管理和信息专业复合型人才的培养，从资金支持、政策鼓励、机制优化等多方面入手，及时补上人才“短板”，促进我国药品应急信息化建设总体水平跃上新台阶。

（本文选自 2013 年咨询报告）

咨询组成员名单

陈凯先	中国科学院院士	上海中医药大学
陈润生	中国科学院院士	中国科学院生物物理研究所
李衍达	中国科学院院士	清华大学
储文功	副教授	中国人民解放军第二军医大学
刘照元	讲　师	中国人民解放军第二军医大学
郑青山	教　授	上海中医药大学
陈永法	教　授	中国药科大学
周颖玉	经济师	中国药学会
肖　鲁	副主任医师	中国药学会
武　韬	研究员	中国药学会
黄育明	工程师	中国药学会
叶　桦	副教授	复旦大学
邵　蓉	教　授	中国药科大学
李洪超	博　士	中国药科大学
马爱霞	教　授	中国药科大学

王　英	博　士	上海交通大学
朱嗣方	高级经济师	上海医药集团
唐俊卿	秘书长	中国医药生物技术协会

中国海洋与海岸工程生态安全中的若干科学问题及对策建议

苏纪兰　等

海洋是人类生命活动的摇篮，其除了调节全球的气候和降水外，还为地球存蓄了约 25% 的基因资源和 50% 的油气资源。广袤的海洋还为人类提供了丰富多样的鱼、虾、贝等水产品，与陆地张弛互动造就了美丽宜人的滨海景观。然而，海洋又是一个相对脆弱的自然生态系统，她的资源和环境并非取之不尽、用之不竭。中国的 299.7 万千米^2 海洋国土虽然居世界第 9 位，人均海域面积却只有世界沿海国家均值的 11%，并且海域中尚有不少部分与邻国存在着争议，而人均滨海湿地和人均海岸线更低。可以说，中国的海洋国土资源“寸海寸金”，弥足珍贵。

改革开放以来，我国经济发展迅猛，海洋经济的支撑作用在其中起着关键作用，海洋产业增加值也一直在 GDP 中占 6% 左右。但由于不尊重自然规律地盲目开发，人类活动的干扰已大大超出了中国近海海洋生态系统自身的调整能力，海洋生态系统受到严重侵害。新中国成立以来，我国已经丧失了 50% 以上的滨海湿地，天然岸线减少、海岸侵蚀严重，而这些海域恰恰有着无与伦比的生物多样性，是众多渔业资源的关键生境。目前，我国主要经济渔获物大幅度减少，赤潮、绿潮和水母灾害不断，近海富营养化严重，海上溢油事故频发，近海亚健康和不健康水域的面积逐年增加。

海洋开发利用离不开各种海洋与海岸工程，在各地竞相发展海洋经济之际，不少工程项目高消耗、低水平、重复建设，加之大量海洋与海岸工程构筑在河口、海湾、滩涂和浅海，多种工程的生态影响相叠加，致使中国海洋生态灾害集中呈现，海洋生态安全前景十分堪忧。

与陆地生态安全早已引起我国政府高度重视相比（自 1999 年开始，陆续采取了“退耕还林”“退牧还草”“退田还湖”等多种生态修复工程），社会各界对海洋生态系统服务功能的重要性和海洋生态系统的脆弱性认识不足，在海洋开发规划和建设中往往对海洋生态安全缺乏足够重视，海洋生态价值被大大低估；低估生态成本直接导致围填海价格低廉，大面积滨海湿地被侵占，海洋生态系统破坏严重。而与陆地生态系统相比较，海洋与江河湖泊等水生生态系统一旦受到破坏，其损害往往是长期、甚至是永久性的，生态修复十分艰难，太湖、滇池等富营养化水体治理的进程缓慢便已充分说明问题。

迫于人多、地少、资源紧缺的压力，海洋开发对我国未来经济发展将越来越重要，海洋与海岸工程也将会越来越多、规模越来越大，关注这些工程的生态安全问题，保证我国海洋生态系统服务功能和海洋资源的可持续利用，才能保障我国国力和国家安全。

党的十八大报告中对“建设海洋强国”作出战略部署，要求“提高海洋资源开发能力、发展海洋经济、保护海洋生态系统”。我们应重新反思海洋开发与保护的关系，正确认识海洋的生态价值及海洋生态系统的脆弱性。为了落实科学发展观，合理开发利用海洋，维护海洋和海岸工程的生态安全，本咨询专家组经过深入广泛的考察和调研，特提出如下建议。

1）增强海洋意识，确立海洋生态安全的法律地位。要对全民开展宣传教育，宣传海洋生态系统的价值及其脆弱性，让海洋意识深入人心。在修订《环境保护法》和《海洋环境保护法》时，把维护海洋生态安全单独列入，明确海洋生态安全保护的基本原则、奖惩制度。

2）划分生态红线区，维护海洋资源环境承载力。将海洋保护区、自然岸线、生态敏感海域及生态风险区划为生态红线区，作为海洋开发不可逾越的空间约束。可参照《关于建立渤海海洋生态红线制度的若干意见》的做法，根据海洋生态系统属性对全国沿海进行科学划分，全面实行分区管理。

3）加强涉海大型工程生态安全评估和整改，改善海洋生态环境。对我国已经建成或即将建成启用的沿海重大工程项目进行生态安全检查和评估。对效益较差的工程项目实行关停并转；对集群产业结构进行优化集成。同时制定国家及地方海洋生态修复规划，对受损严重的海洋生态区进行系统修复。

4）以海洋环境保护为本，积极发展滨海生态旅游。根据我国经济发展趋势和消费结构转型升级的要求，开发利用我国丰富、优良的海洋与海岸资源，发展滨海生态旅游业，提高公众的海洋生态安全意识。

5）建立溢油等海洋灾害应急预案，减少海洋灾害损失。开展生态安全风险分析和应急机制建设，减少海洋灾害风险，防患于未然。鼓励和支持海洋油气开发企业建立海洋生态环境基金。着力研发溢油监视监测、报警、溢油来源鉴别、溢油扩散预报和溢油回收处理等系列技术。

6）加强海洋生态安全影响预测和对策研究，降低灾害风险。加强海洋生态安全基础理论研究，辨识海洋生态系统的特殊性，了解海洋生态系统的损害和恢复过程。在应对突发性事件中应采取适应性管理策略，通过对不确定性环境和事件的管理过程和结果进行动态学习，制定和不断优化管理战略。

（本文选自 2013 年咨询报告）

咨询组成员名单

苏纪兰	中国科学院院士	国家海洋局
王　颖	中国科学院院士	南京大学
秦蕴珊	中国科学院院士	中国科学院海洋研究所
冯士筰	中国科学院院士	中国海洋大学
唐启升	中国工程院院士	中国水产科学研究院
汪集旸	中国科学院院士	中国科学院地质地球物理研究所
张　经	中国科学院院士	华东师范大学
李永祺	教　授	中国海洋大学
丁平兴	教　授	华东师范大学
黄良民	研究员	中国科学院南海海洋研究所
施　平	研究员	中国科学院烟台海岸带研究所
陈亚瞿	研究员	中国水产科学研究院
方建光	研究员	中国水产科学研究院
张振克	教　授	南京大学
付光翩	副教授	南京大学
谢钦春	研究员	国家海洋局
杨　辉	研究员	国家海洋局
黄小平	研究员	中国科学院南海海洋研究所
刘　慧	研究员	中国水产科学研究院
汝少国	教　授	中国海洋大学
史宏达	教　授	中国海洋大学
王　蔚	副教授	中国海洋大学
梁丙臣	副教授	中国海洋大学

可集成性的量子计算技术发展预测和对策研究

郭光灿　等

半导体芯片是现代信息技术的核心基础，随着半导体产业和技术的高度发展，半导体芯片晶体管中的各种量子效应将越来越明显，信息的量子化趋势将不可避免。建立在量子理论之上的量子计算将以其独特的量子并行运算优势，极大地提升未来信息处理的速度和能力，完成一些传统计算机不能完成的任务，甚至引发一场信息技术的新革命。

处于基础研究阶段的量子计算已经引起了国际学术界甚至是信息产业界的广泛关注，被美国、日本等传统芯片产业发达国家列为下一代核心战略竞争方向。量子计算研究本身也从各种物理体系的自由探索向可大规模集成并与现代半导体产业和工艺兼容的固态体系集中。美国国际商业机器公司（IBM）、休斯敦实验室（HRL）等传统芯片研发巨头的加入更是使得可集成量子计算研究进展突飞猛进，已完成了量子芯片研发的多项关键基础性原理论证工作。

我国在量子信息特别是量子通信研究领域处于国际一流水平，但在量子计算特别是半导体等可集成有望形成产业的固态量子计算方向跟国际前沿还是有较大差距。一方面，由于现代半导体工艺和技术上的积累整体偏少，研究基础薄弱，研究队伍少，从零开始的难度大等原因；另一方面，因为缺乏整体布局，各研究单位和相应研究上下游链条之间缺乏统筹协调，没有形成系统大工程攻关的国家整体战略布局。如果我们不能在这一轮的技术产业革命中有所作为，现在我国半导体产业发展碰到各种技术壁垒和专利限制的现象将会继续困扰我国，甚至严重影响我国未来在世界经济和军事上的核心竞争力。

根据当前国际国内状况和半导体量子芯片在未来国家核心战略上的竞争意义，我国应该在半导体量子芯片研究中体现国家意志：①设立国家部委直属的半导体量子芯片专项委员会，适时启动由国家部委单列资助管理的中长期专项资助计划，围绕量子芯片的研发，统筹布局，制定我国半导体量子芯片发展路线图。②在已有研究力量基础之上建立一个专门的研发中心，整合高校、研究所和企业的研究力量，对半导体量子芯片研发中涉及的材料科学、微纳米加工制备和超高频控制元部件等量子芯片系统研发中的各个方面系统布局。③采用以专项任务为导向的考核机制吸引和培养一支高水平的专业研究队伍，坚持走政府调控和产业化相结合的道路，充分调动企业积极性，吸引和利用产业界如半导体集成电路装备和制造业涉足半导体量子芯片这一前瞻性技术的研发，以期在下一代信息科技产业革命中占领有利位置，彻底摆脱核心芯片技术受制于人的局面。

（本文选自 2013 年咨询报告）

咨询组成员名单

郭光灿	中国科学院院士	中国科学技术大学
郑厚植	中国科学院院士	中国科学院半导体研究所
陈左宁	中国工程院院士	国家并行计算机工程技术研究中心
褚君浩	中国科学院院士	中国科学院上海技术物理研究所
祝世宁	中国科学院院士	南京大学
李树深	中国科学院院士	中国科学院半导体研究所
吴培亨	中国科学院院士	南京大学

科学引领我国城镇化健康发展的建议

陆大道 等

近几个月来，为落实党的十八大报告和中央经济工作会议提出的“积极稳妥推进城镇化并着力提高城镇化质量”的方针，许多地区已经开始制订以大规模城镇化为核心的经济刺激计划，紧锣密鼓地编制城市群规划、城镇体系规划及各种类型的开发新区、产业园、产业基地规划。种种迹象表明，新一轮大规模推进城镇化、拉动内需、使经济高速增长的强大势头正在兴起。在这种情况下，我们认为，如何正确认识“积极稳妥地推进城镇化”的方针及如何正确地理解城镇化所面临的任务十分重要。而为此，需要分析我国国情和总结十多年来高速城镇化发展的经验教训，正确估计中长期内我国各种类型城市（大中小城市、城市群等）集聚产业和人口的能力，预测未来我国城镇化发展的可能规模和城镇化的合理进程。在此基础上，制定推进农业转移人口市民化、发挥各类城市综合承载能力等一系列政策措施。在启动这样大规模的中长期发展规划时，应该充分考虑到遇到的困难和过程的长期性，以求科学地引导我国城镇化的健康发展。本报告就上述有关问题做粗略的分析，并提出几点建议。

一、城镇化高速发展中的突出问题及其主要原因

（一）突出问题

1996年以来的大规模城镇化，有力地促进和保障了大规模的工业化，推动了我国经济的国际化，综合国力大幅度提高，成为世界上第二大经济体，城镇居民生活大幅度改善。但是，持续大规模和高速城镇化也出现了一系列突出的问题，付出了巨大的代价，主要表现在以下方面。

1. 城镇化速度过快，城镇化率虚高

从“九五”（1996～2000年）时期开始，我国城镇化一直处于高速发展状态。其中，1997年以后的3年，城镇化年平均增长1.7%，“十五”期间年平均增长1.4%，“十一五”时期以来城镇化速度仍然居高不下，年平均增长1.3%。2012年我国城镇化率达到52.6%，但是实际的人口城镇化率只是35%。全国2.6

亿农民工没有市民化，他们的居住等生活条件很差，是谓“半城市化”。中小城市发展缓慢，部分中小城市衰落，农村“空心化”严重，目前农村的留守儿童达到 9700 万人（包括城市间流动的儿童数）。城乡统筹发展存在严重的不协调，这种状况正在危害我国社会经济发展的基础和安全。

2. 持续不断的大规模占地和圈地，耕地资源消耗过多

在人口“半城镇化”的同时，近十年来每年因征地而失去耕地的农民平均为 260 万人。“十五”期间，各地大搞所谓“国际大都市”、大广场、大马路等。近十年来，许多城市以大搞各种类型的“新区”而进行大规模圈地，一规划就是几十平方千米甚至上千平方千米。2000 ~ 2004 年 4 年内仅仅统计全国地级以上城市的建成区面积就由 16 221 千米^{2}猛增到 23 943 千米^2，增加了 53.8%，约合 1160 万亩[①]。2004 年后建成区扩大仍然很快，最近 5 年来，全国因城镇化占去耕地约 1500 万亩。为了能够拿到土地，强撤强迁事件频频发生，导致城镇化与农村发展之间的对立，带来了恶劣的社会影响。

我国城市人均综合占地 110 ~ 130 米^2，与大多数人均耕地资源比我国多几倍乃至十几倍的欧美发达国家水平相当。成片成片地毁掉民居和优质耕地，形成了大量失地农民与城市边缘人群。据估计，目前全国失去土地的农民有 5000 万人。许多中小城市由于盲目扩大范围，产业发展缺乏科学分析和论证，出现了被媒体称为“鬼城”的现象。一些具有耕地优势的产粮大省，由于大幅度减少播种面积而渐失作为粮食基地的作用。如果继续这样占掉耕地和挥霍土地，我国潜在粮食危机将不可避免地演变成现实的粮食危机。

3. 经济增长和产业支撑与高速城镇化不能相适应

近年来，我国城市就业问题突出。在我国三次产业的就业比重中，第一产业仍占 35%。这说明我国工业化程度与发达国家存在很大的差距，实现产业结构的根本转型将是长期的过程。目前，我国拥有庞大的基础原材料产业，经过若干年的快速增长，依靠这些产业的继续扩张来吸纳农村劳动力和农村人口，空间已经很小。今后，城镇化和就业人口的增加将越来越依赖于第三产业的发展和农村地区中小企业的发展。但是，由于人口基数巨大，每年提高一个百分点的城镇化率，就业岗位就要求增加 800 万 ~ 1000 万个。第三产业的发展空间也很难持续提供这么多的就业岗位。目前，我国有 110 多个资源型城市，2030 年将增加到 200 个左右，这些资源型城市多数是有生命周期的，在今后某个时期将出现资源枯竭，城市规模不仅不可能大幅度扩张，反而会逐步缩小，少数还会衰亡。此外，作为城镇化的主要外部推动力，经济全球化的作用即外部市场对于提高城镇化率

① 1 亩 =1/15 公顷≈ 666.7 平方米。

的促进作用将明显趋缓。中小城市发展所面临的主要困难是产业支撑和投入不足，而没有产业发展支撑的城镇化，不是真正的城镇化。对于中小城市而言，新一轮城镇化带来的大量土地供应，很可能落在了一座座已经被透支的空城之上。

4. 环境污染代价巨大，基础设施不堪重负

1996 年以来，大规模的城镇化是愈来愈严重的环境污染的主要原因之一，沿海地区的大中城市规模迅速扩张，加上低端产品生产的"世界工厂"，引起了突出的环境问题。中西部中小城市由于大规模开发资源和对资源进行加工而成为许多地区的污染源。近年来，平原农业区域中小城镇的发展也使广大农村成为藏污纳垢的地方。在流经城市的河段中 78% 不适合作为饮用水水源，全球 20 个空气严重污染的城市中我国就占 16 个，严重的环境污染使国民的生存环境日益恶化，生命健康广泛地受到了威胁。环境污染引起的危机正在由局部发展到更大的地域范围。在一些局部范围内，环境危机正在演变成社会事件和社会危机。在未来大规模实施农村地区城镇化，大批以一般性原材料和制造业为主的中小企业发展，将可能导致环境污染愈来愈严重。

城市要求大规模的电力、优质的能源和大型集中水源作为支撑，人均能耗、水耗及垃圾集中排放量都要比农村大得多。全国有 60% ~ 70% 的城镇缺水，城市污水处理率只有 20% 左右。全国城市年产生活垃圾约达 2 亿吨，有 200 多个城市垃圾围城。垃圾处理率低，而其中达到无害化处理标准的更低。近 10 年来，虽然各级政府在给排水、环保等城市基础设施方面的投资逐年增加，但资源、环境和基础设施领域的问题并没有相应缩小，形成欠账多、缺口大、水平低的基本状况。公共交通和绿色出行方面，全国大部分中心城市公共交通出行比例平均不足 30%，中小城市平均约 10%。城市公交基础设施面临着巨大的压力。

5. 近年来各种新区规划和城市群规划出现了诸多的不良倾向

在全球化的大背景下，当今世界上最具竞争力的经济核心区域是几个大的城市群。城市群的内涵是以 1 ~ 2 个特大型城市为核心，包括周围若干个城市所组成的内部具有垂直的和横向的经济联系的经济区域。由于经济活动高度密集和在空间上的压缩，城市群往往是一个国家或区域的增长极，也是最具活力和竞争力的地区。我国的长江三角洲、珠江三角洲及京津冀三大城市群正在成为我国进入世界的枢纽，世界进入我国的门户。但是，现在全国要划定几十个"城市群"，大部分"城市群"的内部各城市间没有密切的产业（横向的和纵向的）联系，缺乏功能很强的核心城市等。在这种情况下，周围许多城市还千方百计地往里面挤，希望成为国家经济增长极的一员。这些"城市群"并没有在一系列公共服务系统（部门）取消现有的管理机构而迈向一体化。因为这种实质意义的一体

化要跨越现在体制和制度的门槛，而没有这一点城市群建设将可能流于形式，也没有就促进市场经济条件下的产业空间重组、优化城乡土地利用结构、积极治理环境污染等进行周密的论证，而主要是进行大片大片地占地，在中心城市和周围城市之间规划轻轨建设及大规模房地产开发等。由于我国在一个较长时期内人均 GDP 和相应的人均出行频率较低，这些轻轨中的大部分线路不可能具有大流量的通勤客流。在这种情况下，这些线路建成之日，就是大规模经济亏损之时。

近几年来，全国已经有 20 多个省（自治区、直辖市）及众多的地市正在广泛地组织编制各种区域性规划（有的称作“空间规划”），包括城乡一体化和城乡统筹的新区规划、产业集聚新区（地带）规划、新城规划等。这些规划普遍存在规划的盘子过大、目标不切实际等问题。多数区域的产业规划主观臆断，重大基础设施建设缺乏科学论证，更为严重的是普遍借各类“新区”建设规划之名，实行大规模圈地、“要地”（向上）和“造城”。

（二）主要原因

上述问题在过去十多年中不断累积，政府也曾经出台了许多政策，采取了一系列措施，但是，问题并没有得到解决，上有政策下有对策，有的问题甚至变本加厉了。当前，我们特别需要从发展理念、方针政策等方面分析出现这些问题的原因，并从中吸取经验教训。

1.“十五”城镇化方针上的偏差及近年来的正确方针政策没有得到贯彻实施

“九五”期间，在中央政府作出实施国民经济软着陆的情况下而城镇化实现了超高速增长。2001 年开始的“十五”计划却又强调“随着农业生产力水平的提高和工业化进程的加快，我国推进城镇化的条件已经成熟，要不失时机地实施城镇化战略”。这个“战略”使本来已经高速行驶中的城镇化列车进一步“加速”，导致城镇化速度出现冒进。针对这些问题，国家“十一五”规划进行了明确的调整，提出要“积极稳妥推进城镇化”，要集约和节约用地；国家“十二五”规划中也再次强调“统筹城乡发展，积极稳妥推进城镇化”。但是，从这些年各地区出现的问题看，“十一五”和“十二五”规划的“积极稳妥推进城镇化”的方针和城乡统筹的基本指导思想在许多地方没有得到重视和贯彻执行。

2. 走符合中国国情即具有中国特色城镇化道路的指导思想宣传薄弱，没有真正成为实施城镇化的指导思想

走符合中国国情的城镇化道路应该成为城镇化建设的基本理念。中国的国情

及其资源、环境特征在很大程度上决定了中国城市化的道路和发展模式，这条道路就是“资源节约型和环境友好型的城市化道路”。为了实行这样的发展道路，应该对各级干部和规划人员进行国情教育，解释这一条道路的内涵、指标，以及一整套具体的方针和政策措施，并在各个大区实行有差别的城镇化模式。而实际上，这些基本理念和指导思想仅仅在文件中提提而已。

3. 干部政绩评价指标过分偏重 GDP 及城镇化速度，各地政府过分依赖“土地财政”

各级干部工作绩效评价指标对于各项工作的发展起着巨大的支配作用。多年来，尽管中央多次强调要从政治思想、工作成绩、群众路线和民主作风等方面评价和考察干部，但在实际中，发展观和政绩观往往出现严重偏差，真正重视的是经济增长速度和城市建设形象等方面。经济上搞得快，城市场面大，形象好，常常成为被上级提拔的重要政绩。这种干部考核指标上的偏差，强有力地引导广大干部在城市规划和建设中热衷于搞“大”“快”“虚”，彼此攀比甚至以搞运动的方式去片面追求城镇化速度和城镇化率。高速发展的城镇化强烈地表现出人为拉动、政府造城的特征，而且成为许多地方“普遍”的做法。政府把着力点更多地放在“圈地”上、“形象工程”的打造上和“短期行为”上，使开发区和新城用地的起点规模不断被刷新，建筑物高度和广场占地面积第一的位次不断更改，城市基础设施和建筑物更新改造、拆除重建的周期之短已经在中国城市建设史上创下了纪录。

除政绩观偏差导致人为造城运动外，另一个主要原因是地方政府对“土地财政”的依赖性过大。许多地方土地出让金净收入占政府预算外收入的 60% 以上。地方政府通过卖地收入和土地抵押贷款弥补财政收支差额、筹集大规模城镇基础设施和公共服务设施建设资金等，导致片面追求城镇化的速度和高城镇化率。

4. 城镇化发展进程和发展模式具有其客观基础和要求

城镇化是一个国家发展和区域发展问题，涉及生产结构、生活方式，以及社会结构、国民素质等方面的深刻变化，必然是一个长时期的发展过程。我国的城镇化进程和发展模式必须体现我国的国情和特色。评价和引领城镇化的合理进程，必须了解国家和区域发展的阶段、实力、水平对城镇化的驱动作用，以及自然基础和生态环境对于城镇化发展的重要基础作用；充分考虑到城镇化的分布格局是国家社会经济空间结构的重要组成部分；正确处理好城乡关系等。由于城镇规划与建设政策的制定和实施制度不完善、缺乏有效的监督约束和责任追究制度，也在很大程度上助长了不严格执行城镇规划，随意扩大规模，擅自变更建设性质和内容的问题发生。片面追求城镇化速度，其结果就会违背城镇化发展的客观规律。

5. 如何看待城镇化的国际经验？

各国城镇化大都经历了漫长的历史过程。欧美主要资本主义国家城市化水平（城市化率）普遍达到 70% 甚至 80% 以上，但在其起步阶段平均每年只增加 0.16% ~ 0.24%，在加速阶段每年也仅增加 0.30% ~ 0.52%。我们回顾它们走过的城镇化发展之路，并不是主张将我们的城镇化速度降到它们那时的速度，而是为了客观地思考我国有没有条件大大超过发达国家城镇化的速度？根据我国的国情、城镇化人口总量及产业支撑等条件来分析判断，要不要将 70% ~ 80% 城镇化率作为我国社会发展的长远目标呢？这后一个问题长期以来没有人提出过，似乎是不言而喻的问题。但是，这种最终目标已经在支配人们的行为目标，甚至导致地区之间的攀比。我们认为，我国未来长远的城镇化目标不一定要追求 70% ~ 80% 的城镇化率。

二、科学地引领我国城镇化健康发展

（一）城镇化是一个巨大的系统工程

实施城镇化这样巨大的系统工程，是长期积累和发展的渐进式过程，也是一个长期的历史任务。今后，将特别加强大城市群的发展和农村地区的城镇化，任务更为复杂和艰巨。

1. 走符合中国特色的城镇化道路应当逐步成为全社会的共识和基本理念

我们认为，当前需要认真总结以往的经验教训，结合城镇化方针的贯彻落实，提高各级干部对城镇化的科学认识和理论水平，把了解中国国情和资源环境特征，以及城镇化规律作为重点，吸取南美、非洲一些国家和地区盲目城镇化导致长期被困在“中等收入陷阱”及由此引起的社会不稳定的教训，树立走符合中国国情即具有中国特色城镇化道路的基本理念。建立符合科学发展观和生态文明建设要求的干部学习考核和政绩考核体系。解决城镇化的质量提高，特别是其中的人口城镇化问题，不像成批出让土地和大规模城市地产开发那样快。

2. 规划未来城镇化的合理进程，最重要的是科学地评估产业支撑能力

在今后一个较长时期内，工业化和现代化的发展，特别是通过经济结构的调整，可以扩大内需和扩大市场，使城市就业空间扩大。城乡建设本身也将提供新的就业空间。但是，这些方面都不会如同以往十多年高速经济增长所带来城市

就业增加那样快。没有产业支撑的城镇化是虚假的城镇化。特别是中小城市的发展，最大不是基础设施问题，而是产业支撑问题，也是市场问题。就现阶段来说，一个中小城市，如果没有特别优势的自然资源、人力资源或在附近大城市某些产业链上占有重要位置，则难以迎来持续较大规模的就业增加。为此，需要找出本地优势，搭建发展平台，培育特色产业，为农村劳动力就地就近转移就业创造条件，为城镇化建设提供产业支撑。

经济全球化与进出口贸易的未来发展对于新的就业岗位增加所起的作用将会趋缓，而资源、环境和生态条件的制约作用将比以往要强。

3. 正确估计国家和地方政府的财力

这些年，中央政府的城市基础设施的投资主要在大城市。许多地方政府大搞园区和产业集聚区的开发，很大一部分是依靠当地的“土地财政”。“十一五”期间，全国土地出让金每年平均约 0.77 万亿元，现在已上升到每年 2.71 万亿元，从占财政收入比例的 41.9% 上升到 76.6%。今后，如此巨量的土地财政肯定将无法维持。那么，国家可用于城镇化发展的财政支出有多大？可不可以长期持续呢？

4. 逐步创造消除城镇化的制度性障碍的条件

近年来，很多人认为大规模推进城镇化的障碍是制度因素，要推进城镇化发展及农民工市民化就要取消户籍制度。但是，这其中有两个重要问题需要考虑：其一，取消户籍制度及其他一系列限制市民化规模的基础和前提是具有足够的资金用于发展城市的各种公用事业及社会保障等。为什么市长们对取消户籍制度几乎一致地持反对态度？在以往十多年中，在就业、教育、医疗、社保、能源和水源供应、垃圾处理等方面的问题日益积累，难以解决，可能是主要原因。其二，传统的城市、农村完全不同的生产方式和生活方式的二分法已经不符合现代社会发展的实际情况。统筹城乡社会保障和公共服务逐步达到均等化，是城镇化任务的主要内涵。而这些目标的实现则取决于大量的资金和复杂的管理工作。当然，其中也需要进行许多领域内的创新。

（二）建　议

1. 坚决实施关于积极稳妥推进城镇化的方针及其一系列正确的政策措施

要针对十多年来我国城镇化发展问题，进行“积极稳妥推进城镇化”方针的教育，树立牢固的国情观念。按照着力提高城镇化质量的要求，根据我国不同区域主体功能定位和有差别的城镇化模式，建立具有“资源节约型和环境友好型城镇化道路”内涵的干部绩效考核指标体系，确保因盲目决策导致城镇化冒进、虚假、严重浪费等现象不再大量发生。在实施“积极稳妥推进城镇化”方针过程中，不提倡设置城镇化的硬指标，更不要搞攀比、竞赛。总之，不搞人为的“拉动”，更不能搞人为的“造城”。

2. 城镇化速度不能过快

我国的城镇化需要遵循循序渐进的原则。我国产业结构发展阶段及大量资源型城市的存在难以支撑城镇化的过快发展，农村人口向城市转移中的问题，要求我们更加关注城镇化的质量而非速度。城镇化发展水平应当与水土资源和环境承载力保持一致，与城镇产业结构转型和新增就业岗位的能力保持一致，与城镇实际吸纳农村人口的能力保持一致。我们建议：要在客观地认识国情的基础上，对城镇化发展水平进行科学的分析和预测，设定各个发展阶段的适宜的城镇化率。根据我国改革开放以来各时期的城镇化发展实际绩效和经验，除去城镇化率中的虚高部分，建议近期将城镇化的速度调整到每年增长 1.0 个百分点左右。在中长期范围内，保持每年增长 0.6 ~ 0.8 个百分点是比较稳妥的。与此同时，不同区域的城镇化发展速度应该有所差异。

3. 要十分强调实行“资源节约型和环境友好型城镇化”的方针

我国人均占有的资源非常有限，尤其是耕地资源和淡水资源短缺。各类城市的规划建设要充分考虑到中国的这一基本国情。即使到了现代化之时，我国人民也要过着节约资源的日子。城市人均占地、人均生活能源消耗和淡水水资源的消耗等不能仿效西方世界（特别是美国人）的人均指标。

城镇人均占地和人均生活耗能必须实行较低的指标：从 20 世纪 90 年代以来，我国城市的人均综合占地增加很快，达到了 110 ~ 130 米^2。大部分小城镇的人均综合占地指标高达 200 ~ 300 米^2。今后，我国城镇人均综合用地标准应该符合国情。我国不能走美国和澳大利亚等国那样蔓延式城镇化发展道路。2000 年，中国的人均耕地只有世界平均水平的 47%，是澳大利亚的 1/30，加拿大的 1/19，俄罗斯的 1/9，美国的 1/8。近年来，这一比例在进一步下降。建议以人均 70 ~ 100 米^2 作为我国城镇综合用地的适宜区间。需要根据人口、经济密度和人均耕地等指标在全国范围内划分若干大区，并确定它们的适宜控制指标。由于中小城市一般没有大型的公共设施（体育场、交通枢纽、市政广场等），未来的规划建设完全可以进一步缩小占地规模。

我国城市的人均生活能耗还比较低，但近年来部分大城市（包括特大城市）这个指标上升很快。在我国能源勘探或新能源开发利用技术没有获得重大突破之前，一般特大城市（少数国际化大城市可例外）人均生活能耗每年应该为 2 吨左右标准煤，中小城市要明显低于这个指标。

加强生态建设和污染综合治理。各地政府需要拿出较以往为多的精力、物力和财力放在环境污染治理和生态建设方面，把城镇人居环境质量改善作为衡量城镇化是否健康发展的重要指标，在各种评比考核指标体系中赋予城镇环境质量更大的权重。在沿海地带，重点治理由于人口密集、大中城市规模迅速扩张所引起的环境问题；在中西部地区，重点治理大规模地开发资源和对资源进行大规模加工所引起的污染问题；在生态基础本来就很脆弱的地区，重点加强生态恢复和生态建设。

4. 加强城乡统筹，发展多样化的城镇化模式

在城乡统筹发展中推进城镇化。城乡关系是国家、区域内最重要的关系，需要从区域和城乡整体的角度进行规划和统筹，使城市促进农村社会经济结构的变化和生存条件的改善，同时使城市发展获得广泛的支撑。其结果是使城镇化速度和模式与区域的社会和经济发展相协调。如果我们深入地从我国的城乡关系及其产业支撑、资源环境支撑等角度进行分析和思考，会不那么倾向于也不那么乐观地认为我国的城镇化率会明显超过发达国家所经历的城镇化速度和较快地达到发达国家今天所达到的城镇化率水平。

传统理念将城镇化理解为“农民进城”。这种理念上的守旧导致了城乡统筹的困难，需要逐步加以改变。在现代社会经济发展的今天，城镇化已经在实践中发生了新的变化。美国等发达国家已经具有大量的人口分布在不城不乡的小镇，我国部分发达地区也出现这种情况。我们应当根据具体条件灵活地发展城镇化，建设生活方式逐步“城镇化”的新农村将是许多地区进行城乡统筹的重要模式，经济繁荣的新农村是我国社会安定的“稳定装置”。

5. 认真搞好国土空间规划和城镇化规划、城市规划

实践证明，经过严格论证的科学的规划特别重要，包括全国性的国土空间规划、多种类型的区域性规划、城市群规划、城镇体系规划、城市规划和开发区规划等。国土空间规划是其他区域性规划的主要基础，近年来完成的全国主体功能区规划和长期酝酿的全国国土规划二者在目标、原则等方面实际上是一致的，都属于国土空间规划。城镇化规划可以分全国性和省（自治区、直辖市）两级，不宜编制地市一级的城镇化规划。城镇化规划主要阐明城镇化发展的意义、趋势、中长期目标及本区域城镇化发展的基础条件、产业发展方向和支撑潜力、人口集聚、城镇规模结构、重大基础设施建设、资源保障和集约利用、生态环境以及促进城镇化健康发展的政策措施等。全国一级的城市群规划可以先确定在长江三角

洲（以上海为核心）、珠江三角洲（香港是这个大城市群的核心城市，广州应该培育成核心城市）、京津冀（以北京、天津为核心城市）、成渝地区（以重庆、成都为核心城市）和辽宁中南部地区（以沈阳、大连为核心城市）五个地区进行。现在有关部门提到的省（自治区、直辖市）一级的城市群，就核心城市的产业层次、城市间产业联系、人口和就业人员流动的规模等还不具备城市群的条件，需要暂缓进行规划。城市规划及各种新区规划需要在总结以往经验教训的基础上进行，在产业规模、重大基础设施等方面要经过充分论证，坚决实行资源节约和环境友好的方针，坚决防止借各种名义再搞大规模“圈地”和“造城”。

（本文选自2013年咨询报告）

咨询组成员名单

陆大道	中国科学院院士	中国科学院地理科学与资源研究所
吴良镛	中国科学院院士 中国工程院院士	清华大学
周干峙	中国科学院院士 中国工程院院士	中国城市规划学会
叶大年	中国科学院院士	中国科学院地质与地球物理研究所
黄荣辉	中国科学院院士	中国科学院大气物理研究所
郑　度	中国科学院院士	中国科学院地理科学与资源研究所
傅伯杰	中国科学院院士	中国科学院生态环境研究中心
郭华东	中国科学院院士	中国科学院遥感与对地观测研究所
樊　杰	研究员	中国科学院地理科学与资源研究所
吴唯佳	教　授	清华大学
石　楠	研究员	中国城市规划学会
方创林	研究员	中国科学院地理科学与资源研究所
刘彦随	研究员	中国科学院地理科学与资源研究所
武廷海	教　授	清华大学
高晓路	研究员	中国科学院地理科学与资源研究所
刘　慧	研究员	中国科学院地理科学与资源研究所
张　华	副教授	北京师范大学
陈明星	助理研究员	中国科学院地理科学与资源研究所

提高我国国民心理健康水平的建议

郭爱克　等

社会的和谐与可持续发展，需要以国民的心理健康为基础。近年来，心理健康问题给个人、家庭乃至社会带来了一系列影响，也引发了很多专家、学者的关注。为此，中国科学院学部于2010年设立了“国民心理健康状况、影响因素及对策”咨询项目。咨询组在深入调研的基础上，经过多次研讨，形成了本咨询报告。

本报告中的数据主要来源于三项大规模的全国性调查：一是2007年度全国心理健康调查（包括21个省市的39个城市中12～100岁居民16 813人）；二是2008年度全国青少年心理健康状况调查（包括10个省市的9430名9～20岁青少年）；三是2009年度全国科技工作者心理状况调查（包括全国31个省份[①]的16 129名科技工作者）。这些调查采用中国科学院心理研究所研制的《中国心理健康量表》作为统一的核心测查工具，从认知效能、情绪体验、自我认识、人际交往和适应能力五个维度测量了不同年龄、区域、职业的人群的心理健康状况。咨询组以这三项调查及一系列小规模专项调查为基础，并结合国内相关领域的研究结果，总结了当前我国国民心理健康方面存在的几个突出问题。

一、现状分析与主要问题

（一）儿童与青少年心理问题突出，三类高危群体亟须关注

1. 面临升学压力的初高中生

年级越高，青少年心理健康水平越低。存在心理问题的学生比例在初一年级为8.9%，甚至略低于小学六年级（11.2%），但在初二（14.2%）和初三（18.7%）存在心理问题的青少年迅速增多。高一的比例为16.9%，高三则升至21.9%。我国青少年存在的主要心理健康问题突出表现为情绪波动较大、人际交往不足和学业适应不良三个方面。其中，情绪波动较大包括心情低落、焦虑不

① 不包括我国的港澳台地区。

安、容易生气、情绪调节能力不足等；人际交往不足表现为被动的交往倾向和普遍的孤独感；学业适应不良表现为考试焦虑普遍、有厌学倾向和注意力不集中。调查显示，43.6% 的青少年报告一到考试就感到紧张不安，39.7% 的青少年表示如果没有来自老师或家长的督促，则很少会主动学习。

2. 进城就读与进城打工的青少年

我国正处在高速的城市化进程中，大量农村人口进入城市工作、学习和居住。离开原有的社会支持系统，适应新的生活环境，往往对个体的心理调适能力提出了挑战，其中应特别关注进入城市的青少年出现的各种心理问题。调查发现，城市青少年平均得分 508 分（500 分为基准分数，代表国民平均心理健康水平），而在农村户口青少年中，城市就读的这部分青少年心理健康水平（484 分）低于在农村就读者（494 分），农村户口青少年的心理健康水平低于城镇户口青少年。

在外出务工的青少年中，有许多人属于新生代农民工。打工青少年心理健康的平均分为 435 分，显著低于全国同年龄段青少年样本的平均分，其中有严重心理问题的为 6.4%；有轻度心理问题的为 26.3%。与同龄在校青少年相比，有严重心理问题的打工青少年比在校青少年的比例多 3.5 个百分点；有轻度心理问题的打工青少年比在校青少年多 9.1 个百分点。打工青少年的主要心理问题包括人际交往不良、自我认识有偏差及情绪稳定性差。他们的积极情绪较少，持续时间较短，但消极情绪却历久不散。与同龄的在校青少年相比，打工青少年有更严重的抑郁问题，其抑郁症状表现为无望感、睡眠质量差、情绪调控能力差等。

3. 农村留守儿童

在儿童的成长过程中，亲子关系扮演着重要的角色。农村留守儿童与父母长时间分离，难以建立良好的亲子关系，比一般孩子面临着更高的心理问题风险。调查表明（此调查中的“留守儿童”包含小学五年级到高中一年级的儿童及青少年），农村留守儿童的自尊水平偏低、孤独感强、缺少社会支持。他们的焦虑水平、抑郁水平显著高于父母均未外出打工的儿童，表现出更多的紧张感、莫名的烦恼、心里不踏实、对挫折非常敏感、情绪化程度高等。这些问题甚至以躯体化的方式表现出来，如一些留守儿童报告自己常有莫名疲劳、失眠，甚至有伤害自己或试图自杀的念头。在师生关系和同学关系上，也更容易发生冲突。

研究还发现，父母外出打工时儿童所处的年龄越小，对其心理发展影响越大。亲子联系的频率、父母外出打工的时间也会影响儿童的心理发展。接近全年外出（10 ~ 12 个月）对儿童心理的负面影响最严重。外出 7 ~ 9 个月是一个相对的临界点，若超过这个临界点，父母分离对儿童心理发展的负面影响急剧增大。这可能意味着，每年 7 ~ 9 个月的分离是留守儿童心理承受能力的极限。

（二）青年人群心理波动大，空巢与弱势老年人群的心理问题令人担忧

青年阶段，又称成年早期（18 ~ 35 岁），是许多心理问题的高发期。青年人群对自己了解不足，自我评价偏低，就业、住房等因素带来的压力导致他们对当前状态的不满和不公平感。需要注意的是，成年早期的个体情绪不稳定的现象比较突出，使他们容易做出冲动的行为，某些个体可能在挫折打击下非常脆弱，开始怀疑自己的价值，由此产生自暴自弃乃至伤害自我和他人的行为。

调查还发现，青年阶段的心理健康水平与生活状况密切关联，参加工作时间小于 1 年的科技工作者心理健康水平显著低于其他科技工作者，其中 12.0% 存在不同程度的心理问题。婚姻状况不同，心理健康差异也是显著的。即使控制年龄因素，已婚者的心理健康水平仍然高于未婚者。

我国老年人总体的心理健康状况较好，85.6% 的老年人心理健康处于良好水平。随着年龄的增高，老年人的心理健康状况基本保持稳定，直到 80 岁以后才部分出现比较明显的下降。老年人对物质生活的满意度随年龄提高而提高，但精神生活满意度有降低的趋势。值得注意的是，我国老年抑郁症状的检出率（39.86%）相较二三十年前的流调数据（14.81%）有了显著升高，已与西方发达国家相当，家庭结构变化导致的社会支持的缺失是这一现象的主要原因。空巢、丧偶、贫困和健康状况差的老年人是亟须关注的弱势老年人群体。

（三）睡眠质量偏低，睡眠时间不足的现象普遍存在

心理健康水平，特别是情绪体验与睡眠质量的关系密切。大量研究显示，不良的情绪状态会损害睡眠质量，而不良的睡眠又进一步影响情绪状态，从而形成恶性循环。睡眠不良的影响不局限于心理层面，也会增加心血管疾病等多种躯体疾患的风险。

我国青少年存在严重而普遍的睡眠问题：一方面表现在普遍睡眠不足，有超过 70% 的中学生不能达到国家教育部要求的基本睡眠时间；另一方面表现在睡眠质量较低，有 57% 的青少年存在一项以上的睡眠问题，其中以入睡困难最为普遍。长期睡眠不足对行为、情绪与学业都可能产生有害影响，对于正处在发育之中的青少年影响格外深远。

成年人的睡眠问题也非常普遍。调查发现，超过 1/4 的科技工作者有不同程

度的睡眠问题，睡眠问题已经成为科技工作者最常见的疾患之一。根据人体对睡眠时间的要求，睡眠时间不足 7 个小时为睡眠不足，即有近六成的科技工作者睡眠不足，其中有超过两成的人睡眠时间严重不足，每日睡眠时间低于 6 个小时。

（四）民生问题与社会信任缺失导致的心理问题突出

中国科学院心理研究所 2009 ~ 2010 年对我国民众的心理和谐调查数据表明，我国民众心理和谐指数总体较高，普遍感到生活质量明显提高，87.5% 的居民处于基本和谐状态。但与此同时，民众对于诸如住房、医疗等与日常生活息息相关的民生问题的解决仍不甚满意，78.5% 的受访者认为政府在民生问题上应该采取更为有利的方式，仅 47.7% 的受访者认为社会矛盾会有所减少。此外，民众对熟人的信任度较高，能够获得较多的社会支持，74.4% 的受访者认为周围的人可以相互帮助，但对陌生人的信任程度则较低，有 57% 的受访者认为陌生人不可信任。近年来，诸如“小悦悦”等类似事件的发生，也从侧面折射出这种社会信任的缺失。

（五）心理健康服务与需求之间存在巨大缺口，从业人员的资质认证有待统一

我国国民的心理健康总体状况良好，但不容乐观。在我国城市人口中，心理健康状况较差者占 11% ~ 15%，问题严重者占 2% ~ 3%。调查发现，我国国民对心理健康服务有很大的需求，但难以获得心理服务。调查结果表明，48% 的受访者认为“现在社会上人们存在的心理问题严重”，仅 12% 的受访者认为“不严重”。对于心理健康工作的重要性，绝大部分受访者（88%）认为是重要的；只有极少数的受访者（2%）认为不重要，此外有少数受访者（10%）选择了“说不清”。但是，关于“你觉得获得心理咨询服务是否便利”这一问题，74% 的受访者选择了“不便利”。这提示着民众的心理健康需求与目前能够提供给民众的心理健康服务之间存在着巨大的差距。

我国自 2002 年起，每年举行两次心理咨询师国家职业资格认证全国统一考试，由各省（自治区、直辖市）劳动厅统一监管。目前已有约 25 万人获得国家人力资源与社会保障部颁发的三级或二级资格证书的心理咨询师，但其中真正从事心理咨询行业的只占 10% 左右（约有 2.5 万名）。在中小学系统，有大约 2 万名由共青团系统认证的心理健康辅导员，这些人主要是中小学的团队辅导员、班主任和心理健康辅导老师。此外，还有地方性心理咨询师认证，以及人力资源和社会保障部中国就业培训技术指导中心认证的心理保健师。但由于心理保健师并

不进行全国统一考试，目前难以确认获得其认证的人数。

目前，我国尚未建立全国性的心理咨询师协会，现有心理咨询机构数量也不能确定。虽然心理咨询师培训过程中有明确的操作技术规范，但是由于缺乏行业管理，心理咨询师在不同咨询中心、机构或企业公司开展咨询过程并没有统一的操作流程或技术规范，很大程度上还依靠个人经验及企业内部的规范。由于认证和监管机构的漏洞，也使得民众在遇到心理问题时不知如何求助。若要提高民众对心理健康服务行业的信任，有必要对其认证体系进行统一，对心理咨询机构进行规范的监管。

二、解决思路与政策建议

（一）多管齐下，开展儿童、青少年、家长、教师及教育机构的心理健康教育与心理服务工作

1. 提倡多维度的学校考核评估体系，避免仅以学习成绩评估学生和学校

首先，在对学校、学校领导、教师的考核评估中，加强升学率和考试成绩以外的评估指标的比重，例如，学生心目中学校和班级凝聚力的匿名评估、学校选修课与课外活动的丰富程度、学生综合体质的改善程度等。其次，避免在待遇上倾斜与应试有关的“主科”教师，提高与应试无关的科目教师的待遇和地位。最后，为学校领导和教师提供体验性的心理咨询服务，以团体培训和个体咨询相结合的形式，提高学校领导和教师的心理健康，改善他们应对竞争和工作压力的能力。

2. 在城市化进程中重视人的心理变化，为进城青少年提供各种心理支持系统

首先，应由政府和有关机构组织开展进城青少年生活适应的培训服务。例如，在进城就读青少年的入学阶段、在进城务工青少年的组织招工阶段或入职阶段，告知青少年可能遇到的生活变化，并提供应对的心理技能。其次，在进城青少年较多的城市设立进城青少年服务机构，为其提供包括心理咨询与评估、健康休闲娱乐、简单技能培训等方面的服务。最后，政府可指导建立进城青少年互助组织，并配置心理专业人员指导其开展活动。

3. 制定心理行为干预方案，促进农村留守儿童的健康发展

干预方案应针对四类人群展开：一是针对进城农民工的整体心理干预，包括

给予他们儿童心理发展的常识教育，进行简便易行的亲子关系促进性指导，提供基本的亲子联系支持；二是针对留守儿童监护人的心理指导，留守儿童的监护人或抚养人多为亲属，如（外）祖父（外）祖母等，大部分人文化水平偏低，有必要对他们普及一些儿童发展常识；三是针对农村留守儿童的心理辅导，让这些孩子具备基本的心理学知识，提高自我保护意识；四是针对当地学校教师的心理指导。我国农村留守儿童现象分布极广，人数众多，在专业队伍指导的基础上，必须依靠广大农村教师的力量。政府应建立农村教师的心理健康培训体系，使其具有基本的心理学知识和心理干预方法，他们将是解决留守儿童心理问题的最及时也最有效的力量。

（二）依托专业机构和社会力量，建立和健全心理健康服务体系

1. 有针对性地提供心理健康教育、心理疏导、心理咨询与治疗

发挥科技社团、学会组织的专业作用，培养和提高专业人员素质，引入和推广企业中“员工援助计划”（EAP）的模式，由社团与学会组织作为第三方为企事业单位的科技工作者提供覆盖面广、短程高效的心理支持服务。开展心理健康知识讲座、团体减压培训，以及热线电话和网络咨询等服务。

2. 提高对老年人心理健康的社会支持

老年人群的心理状态直接与身体健康相关，提高老年人群的生活满意度和心理健康水平，将大大减轻国家的医疗支出。社会支持是老年人心理健康的主要影响因素。调查表明，与家人同住和养老院老年人的心理状态都优于独居老人。对空巢、丧偶、贫困和健康状况差的弱势老年人群来说，养老院为其提供了基本的生活和医疗保障，有效地提高了他们的生活满意度和心理健康水平。建议政府通过政策引导，建立多级养老院体系，以国家补贴为主的养老院为弱势老年人群提供必要的救助和保护；同时号召企业创办市场化的养老院，为有经济能力的老年人提供多种可供选择的养老方式。

（三）重视国民睡眠问题，开展有关宣传、服务与研究，推广合理作息时间

第一，加强健康睡眠的宣传，使公众了解睡眠的规律、睡眠的影响，以及健康的睡眠方式等。其中，应特别重视对中小学领导和教师的睡眠知识培训，使其

了解青少年睡眠的特征，以及睡眠不足等问题的影响。第二，鉴于我国当前对睡眠问题的心理服务和医疗服务还十分欠缺，与国际上相比十分稀少，要培训更多睡眠治疗的心理学、医学专业工作者，设立更多的睡眠研究中心和治疗门诊。第三，推广合理的作息时间。特别是中学应严格遵守教育部有关学生到校时间的要求，取消早自习。教育部门应采取更强制的措施，保障学生的基本睡眠时间。

（四）建立动态监测平台，针对重大突发事件与特定人群开展专项调查

随着以改善民生为重点的社会建设不断深化，民众心理和谐状态也会发生变化，成为衡量社会经济发展与政策有效性的主观指标。而定点、周期性的调研是掌握民众心态波动规律和动态特征的最有效途径。因此，建立全国的民众心理和谐数据库与动态监测平台，定期追踪和监测民众心理和谐的状况，可以为我国政府制定和完善相应的和谐社会政策与措施提供决策依据。

此外，重大突发灾难事件和有重大影响的社会性事件都会显著影响民众的心理和谐状态。因而，除了定期发布常住居民心理和谐指数之外，建议针对特殊事件、特定人群、重点地区不定期开展心理和谐状态的专项评估，衡量特殊事件或特定群体的特点，为应急决策与处置方案的出台提供建议。

（五）规范心理服务行业发展，建立心理健康从业人员的认证与监管机制

心理问题与心理疾患对个人和社会的影响是多方面的，甚至会引发危害社会安全的极端事件。对心理问题与心理疾患的及早评估和干预，能够预防问题或疾病向更严重的方向转化，有利于减小其不利后果。当前，公众已经意识到心理健康的重要性，意识到自己或他人的心理服务需求。然而，由于获得心理咨询等服务并不便利，大多数需求无法得到满足，形成了公众需求与供给之间的尖锐矛盾。针对这一矛盾，希望政府及有关部门统筹规划，逐步建立起能服务于不同群体需求的心理健康服务系统。

1. 系统发展心理服务事业，为国民提供便捷有效的心理健康服务

在目前心理健康服务事业发展的基础上，未来应在以下几个方面进一步支持和规范该项事业的发展。第一，对各地心理健康服务状况进行摸底，设立并公布心理服务咨询热线或网站，使公众可以便捷地查询当地有哪些心理健康服务。第二，根据摸底的情况，加强对服务资源匮乏地区的专业人员培训和引

入。第三，政府引导和加强不同心理服务的机构与个人之间的转介网络，促进心理服务资源的合理配置，规范转介流程。第四，建议参考学校心理咨询师的设立，在更多的大型单位中要求设立常规的心理咨询等服务机构和岗位。第五，培养专项人才，令公众能够找到符合自身需求的服务。在培训和认证心理咨询师、心理治疗师、婚姻家庭咨询师等各种有关服务人员的基础上，提供更有针对性的继续教育。这种继续教育应强调实践技能，促进理论与实践的结合，针对特定年龄（儿童、老年人）、特定职业（学生、警察）、特定问题（抑郁、创伤后应激障碍）。

2. 规范心理健康从业人员的认证，建立心理服务机构的监管机制

为了弥补民众需求与心理健康服务之间的缺口，提高民众对心理健康服务行业的信任和满意度，建议开展以下三项工作：第一，规范心理咨询师和心理治疗师的从业标准，统一对心理咨询与心理治疗行业的资质认证和培训机构的监管机构。第二，在引导和规范心理服务机构与个人的行业自律的同时，设立服务投诉机构，制定相应的处罚与赔偿条例。第三，组织相关学科明确区分心理健康、心理疾患与精神疾病等概念的内涵，明确心理咨询、心理治疗和精神科医生的服务对象及各自的权益，进而促进各行业从业群体的可持续性发展。

3. 将心理健康测查纳入体检系统，建立早期筛查和预防系统

将心理健康测查纳入体检范围，通过专业的心理健康服务机构，采用科学规范的心理健康量表，及时进行心理健康状况的评估，并给予反馈，必要时做出转诊的指导。要大力提倡全民健心与全民健身相结合，促进我国国民素质全面发展。

4. 服务性与市场化并进，促进行业良性发展

将心理咨询与心理治疗纳入国家医疗保健体系，可以将心理咨询的服务对象区分为高端人群和低端人群。对于高端人群的心理咨询服务，通过心理咨询执业资格准入、行业监管、立法规范、国家相关行政部门总管的方式，走市场化道路。对于低端人群的心理咨询服务，可以通过基层医疗卫生服务系统，在农村三级医疗卫生服务网络和城市社会卫生服务中心（站）提供心理咨询服务，服务费用纳入公共卫生服务经费中。通过不同渠道保障大多数人的权益，实现全民健康和全面健康。

（本文选自 2013 年咨询报告）

咨询组成员名单

郭爱克	中国科学院院士	中国科学院上海生命科学研究院 中国科学院生物物理研究所
张　侃	研究员	中国科学院心理研究所
陈楚侨	研究员	中国科学院心理研究所
程灶火	教　授	江苏省无锡市精神卫生中心
樊富珉	教　授	清华大学
傅小兰	研究员	中国科学院心理研究所
韩布新	研究员	中国科学院心理研究所
洪　炜	教　授	北京大学
侯志瑾	教　授	北京师范大学
江光荣	教　授	华中师范大学
李　虹	教　授	清华大学
李占江	教　授	首都医科大学附属北京安定医院
罗　非	研究员	中国科学院心理研究所
王建平	教　授	北京师范大学
武国城	教　授	空军航空医学研究所
肖泽萍	教　授	上海市精神卫生中心 上海交通大学医学院
徐琴美	教　授	浙江大学
杨凤池	教　授	首都医科大学
姚树桥	教　授	中南大学湘雅二医院
赵旭东	教　授	同济大学医学院

我国土壤重金属污染问题与治理对策

傅家谟 等

我国土壤重金属污染问题严重，受重金属污染的耕地约有1000万公顷，占18亿亩耕地的8%以上，每年直接减少粮食产量约100亿千克。同时还存在数十万计的重金属污染矿区和工业企业场地，危及饮用水源地和人居环境。从城市、城郊到农村，从偏远的矿区到周边及流域，土壤重金属污染的类型在增加，面积在扩大，程度在提高，危害在加剧。长江三角洲、珠江三角洲、京津冀、辽中南、西南、中南等地区出现了不同程度的大面积耕地土壤重金属污染；工矿企业场地及周边土壤重金属污染状况触目惊心；一些流域性土壤重金属污染态势凸现；西南地球化学高背景区土壤重金属含量超标并发生多源叠加污染；东部沿海地区电子废弃物粗放式分散处理，造成土壤重金属复合污染；有的区域土壤还出现了铊、锑等新的剧毒重金属污染现象。土壤重金属污染已危及生态系统健康、农作物产量和农产品质量安全，同时通过多途径的暴露影响饮用水源地、人居环境安全及群众健康，有的地区出现了“癌症村”。

造成上述土壤重金属污染的主要原因是在我国经济快速发展过程中，大量的有毒重金属不断以污水灌溉、尾矿堆放或雨水冲刷、粉尘沉降，以及肥料、农药及污泥的施用等方式进入土壤环境，经长期累积或突发事故而造成土壤污染。同时，有关土壤污染防治法律法规的缺失、土壤环境质量标准不完善、土壤环境监管不力等也是关键因素。为此，本报告特建议，国家应将土壤重金属污染问题与水污染、大气灰霾等列为同等重要的问题摆到各级政府议事日程上来，实现全国土壤污染调查数据与资料的共享。

1）制定中国土壤污染防治法刻不容缓。土壤污染防治立法工作是切实遏制或避免、甚至解决当前及长远我国土壤重金属污染问题的前提和基础。迫切需要优先制定《土壤污染防治法》，使我国土壤质量的维护与改善，重金属污染的预防、治理、控制及修复等工作有法可依，促进建立以环境保护部为主，与农业部、国土资源部、水利部等部门统筹、协调、联动的监督监管体制与机制。建议将土壤污染防治与土壤质量改善工作落实到各级政府政绩考核工作中去。

2）亟须制定和修订国家及地方土壤环境重金属质量标准体系。针对我国现行的土壤环境质量标准已不适应当前土壤环境管理需求的现象，尊重自然规律，尽快按照分区、分类、分等原则，科学制定新标准，修订老标准，并允许地方制定土壤环境重金属质量标准体系。

3）针对我国存在大范围的土壤重金属高背景区（特别是西南地区镉高背景区）的现实，在规范高背景区生产与开发活动的同时，制定专门的土壤环境风险评估和监管体系，避免发生次生重金属污染。

4）加强土壤重金属污染治理修复与资源可持续利用的科技创新研究。进一步加强对重污染区、高背景区及“癌症村”等高风险区的重金属污染与人体健康相关的调查与对策措施研究；加强对服务环境管理的土壤污染成因、机理和防治修复技术创新研究；研发并大力推广含稀有、贵金属的矿山尾矿或工业废弃物资源回收利用的绿色环保技术；同时加强土壤重金属污染治理与修复示范点建设。选取已对生态环境安全及人民身体健康造成严重威胁并产生严重后果的典型重金属污染区域与场地，如污灌区、矿山、冶炼厂、癌症村、电子垃圾拆解区等作为示范点，根据重金属污染成因与现状，针对性地设立专项资金，分别成立科研院所与修复公司联合的协同创新攻关团队，开展土壤重金属污染治理与修复专项技术开发研究及工程示范，然后以点带面，将成功的技术与经验推广应用于同类重金属污染场地土壤的治理与修复，为实现我国土壤重金属污染现状的根本好转提供工程技术支撑。

（本文选自2013年咨询报告）

咨询组成员名单

项目负责人

傅家谟	中国科学院院士	中国科学院广州地球化学研究所

主要参加人员

赵其国	中国科学院院士	中国科学院南京土壤研究所
陶　澍	中国科学院院士	北京大学
骆永明	研究员	中国科学院烟台海岸带研究所
彭平安	研究员	中国科学院广州地球化学研究所
朱永官	研究员	中国科学院城市环境研究所
林玉锁	研究员	环境保护部南京环境科学研究所
刘凤枝	研究员	农业部天津农业环境所
周东美	研究员	中国科学院南京土壤研究所
张乃明	教　授	云南农业大学
冯新斌	研究员	中国科学院贵阳地球化学研究所

唐　亚	教　授	四川大学
吴金水	研究员	中国科学院长沙亚热带农业生态研究所
黄国勤	教　授	江西农业大学
李培军	研究员	中国科学院沈阳应用生态研究所
南忠仁	教　授	兰州大学
廖晓勇	副研究员	中国科学院地理科学与资源研究所
于明革	副教授	浙江大学

项目组秘书

骆永明	研究员	中国科学院烟台海岸带研究所
申倚敏	主　任	中国科学院院士工作局
吴龙华	研究员	中国科学院南京土壤研究所
罗春玲	研究员	中国科学院广州地球化学研究所
滕　应	研究员	中国科学院南京土壤研究所
陈家琼	副研究员	中国科学院南京土壤研究所
章海波	副研究员	中国科学院烟台海岸带研究所
涂　晨	助理研究员	中国科学院烟台海岸带研究所

关于国家统一协调在隧道（洞）工程建设过程中开展重大地学问题研究

张国伟　等

“上天、入地、下海”关键技术的突破及其在地球科学研究中的应用，增强了人类了解自然的能力，促进了一系列新概念、新理论、新方法和新技术的产生。“入地”是地球科学与相关学科直接获取地球深部信息的基本途径，“上天”难，“入地”更难，这既有技术方面的因素，也有其在资金方面高投入的原因。随着社会发展和科技进步，人类的工程活动开始大规模向地下拓展，隧道（洞）是地下工程的重要类型。近几年，我国已进入隧道（洞）工程建设高潮期，年建设工程隧道（洞）超千千米，仅工程隧道（洞）建设投资估计年均多达 5000 亿元。按照我国“十二五”高速铁路、高速公路规划，以及 2020 年铁路中长期规划、城市地铁规划、区域调水规划等，到 2020 年我国新建铁路里程将达 8750 千米，新建公路里程将达数万千米，城市地铁规划总里程达 12 830 千米，加上区域调水工程和城市地铁工程以及海底隧道工程，预计我国未来 10 年隧道（洞）工程总长将达数千千米。这些隧道（洞）工程将在地下不同深度和不同层次穿越我国重要地质单元、构造带、地震活动带、成矿带、不同地质区域等，直接揭露出这些关键地质区带的深部组成、结构和特征，以及不同深度大量宝贵的地质与环境科学信息，为大陆构造及其动力学、矿产资源勘查、地质灾害机理与预防等重大地球科学问题研究提供难得的机遇。

隧道（洞）工程建设为地学研究打开了“窥地窗口”，为地学工作者直接观察地质现象、采集样品、现场测试和布置长期观测工作创造了条件，由此获取的信息更接近于地下自然状态。与此同时，在隧道（洞）工程中布设的地应力、地形变等地震活动监测设备不仅有利于区域地震活动的监测，还可直接为隧道（洞）安全提供保证。由于隧道（洞）工程施工是在地下不同深度的地质体中进行的，直接面对的是物质组成多样、构造复杂且空间变化大的客观地质体，科学地认识工程区域的地质环境特征及预测其在人类工程活动作用下的变化，对隧道（洞）与地下工程建设特别是对特殊围岩区深埋超长（大）隧道工程的前期勘测阶段尤为重要。地球科学问题研究与工程技术问题解决相结合，既可以为工程施工安全提供保证，又可以促进重大地球科学问题的解决和突破，既有利于工程建设，又有利于科学研究创新，并使国家投入获得最大效益。

目前，我国重大工程建设与基础地学研究分属不同行业或部门，铁路和公路建设、调水和地铁工程分属国家发展和改革委员会（简称国家发改委）、交通运输部、水利部、住房和城乡建设部和地方政府等；基础科学研究分属科技部、国家自然科学基金委员会、中国科学院、教育部、国土资源部等，利用工程隧道（洞）施工揭露的地下地质信息开展重大地学问题研究，面临着复杂的多部门分割局面。具体的隧道（洞）工程的勘测、设计、施工由不同技术单位或企业负责，施工单位关心的是施工方法的适用性、施工进度、施工质量、施工安全和施工效益等问题；科研部门关注的是工程揭露的客观地质信息资源的采集和科学意义。两者彼此分离，有着不同目的目标与利益效益，存在着统一协调管理机制缺失，法律和法规与技术规范缺位，部门利益协调与平衡困难，基础科学信息数据采集、保存、管理与共享的规范不统一等突出问题，给国家造成了巨大损失。

为抓住我国大规模隧道（洞）与地下工程建设机遇期，使其揭示的海量地下信息在解决能源、资源、环境、灾害等国家重大需求问题和开展地学重大基础研究中得以发挥效益，免于国家投资和基础科学研究遭受巨大损失，本报告特提出以下建议。

1. 由国务院设立协调管理调控机构，启动相应工作条例的制定工作

针对重大工程建设与基础地学研究，建议由国务院组织相关部委建立相应的管理调控机构，从国家层面统一协调，使相关部门和单位相互配合、相互支持，达到既保证工程施工进度和质量，又使施工揭露的地下科学信息资源得到及时完整的采集和充分利用与保存。国务院协调管理调控机构宜由科学技术部、国家发改委、国务院国有资产监督管理委员会、国土资源部、交通运输部、水利部、住房和城乡建设部、教育部、中国科学院、国家自然科学基金委员会等部门构成，并制订《在隧道（洞）工程建设过程中开展深部地质研究工作的条例》，从制度上保证可充分及时利用工程建设的机会解决地球科学研究“入地”所需高投入的问题。

2. 由国家自然科学基金委员会主导，联合相关部委设立专项基金资助开展相关工作

目前是我国隧道（洞）建设的高峰期，国家启动了地壳深部探测计划，中国地质调查局也启动了地下透明计划的三维地质填图工作，尽早使两方面工作协调起来是利国的大事。由于在隧道（洞）工程勘测、设计、施工和运营过程中开展重大地学问题研究涉及的部门和单位众多，体制与机制创新，以及法规、条例

制定需要一个过程，而我国一些重大交通工程中部分隧道（洞）工程（特别是西部）建设已经开工或即将开工，为抢抓机遇，调动广大科技人员和企事业单位积极性，建议在国务院组织制订《在隧道（洞）工程建设过程中开展深部地质研究工作的条例》之前，由国家自然科学基金委员会牵头与有关部委联合设立“在隧道（洞）工程建设过程中开展地学问题研究”专项基金，对在一些关键区域的隧道工程施工中开展重大地学问题和工程问题研究提供资助，尽快推动本项工作，避免因工程施工结束而失去直接观测获取科学信息、进行测试样品采集等宝贵机会。

3. 制定《地下工程建设科技进步促进法》

地下工程按使用功能可分为工业建筑、民用建筑、交通运输建筑、水工建筑、矿山建筑、军事建筑和服务性建筑等，隧道属交通运输建筑，隧洞属水工建筑，地下工程建造常被称为地下空间开发和利用。20 世纪 70 年代以来，地下空间开始被视作一种自然资源，被认为是解决城市土地资源短缺、交通不畅、环境恶化和防灾及战争防护的唯一出路，以至于有人提出地下工程是“绿色工程”、“生态工程”及“21 世纪是地下工程世纪”的提法。随着综合国力的提升和科技进步，我国已进入交通隧道（铁路、公路、城市轨道交通）和引水隧洞建设高潮期，北京等城市已制定了地下空间开发规划，28 座城市同时在进行地铁建设，城市地下空间开发高潮已至。

依法治国是基本国策，人多地少是基本国情，开发利用地下空间将是长期过程。我国现行的《中华人民共和国科学技术进步法》《中华人民共和国铁路法》《中华人民共和国公路法》《中华人民共和国建筑法》等法规中均缺少在隧道（洞）等地下工程建设施工中开展重大地学研究的规定，建议制定独立的《地下工程建设科技进步促进法》，旨在协调地下工程建设与地球科学研究之间的关系，开拓地球科学研究“入地”所需高投入的新途径和国家重大工程建设投资效益新空间。从法律的普适性、先进性等方面考虑，立法应针对地下工程建设而不仅限于隧道（洞）工程。

4. 启动隧道（洞）工程施工中地学信息的数据采集、保存和共享规范的咨询调研工作

由于隧道（洞）工程施工综合性地质信息和数据采集、保存、共享等涉及多学科的配合和规范统一，建议中国科学院和中国工程院启动相关咨询工作，围绕隧道（洞）工程施工综合性地质信息数据采集、保存和共享等开展调研并向国家有关部门提出意见和建议，使该项工作落到实处。

（本文选自 2013 年咨询报告）

咨询组人员名单

张国伟	中国科学院院士	西北大学
戎嘉余	中国科学院院士	中国科学院南京古生物研究所
陈　旭	中国科学院院士	中国科学院南京古生物研究所
郭进京	教　授	天津城建大学
韩文峰	教　授	天津城建大学
李德武	教　授	兰州交通大学

咨询专家名单

刘嘉麒	中国科学院院士	中国科学院地质与地球物理研究所
邓起东	中国科学院院士	中国地震局地质研究所
汤中立	中国工程院院士	长安大学
王梦恕	中国工程院院士	中国中铁股份有限公司 北京交通大学
王思敬	中国工程院院士	中国科学院地质与地球物理研究所
张洪涛	总工程师	国土资源部
钟自然	总工程师	国土资源部
杨树峰	教　授	浙江大学
黄鼎成	研究员	中国科学院地质与地球物理研究所
伍法权	研究员	中国科学院地质与地球物理研究所
张咸恭	教　授	中国地质大学（北京）
葛肖虹	教　授	吉林大学
万天丰	教　授	中国地质大学（北京）
陆松年	研究员	国土资源部
肖庆辉	研究员	国土资源部
张培震	研究员	中国地震局地质研究所
张进江	教　授	北京大学
阎长虹	教　授	南京大学
陈国能	教　授	中山大学
宋传中	教　授	合肥工业大学

加强数据型科学研究的建议

王志新　等

近年来，人类收集和处理数据的能力迅速提高，但随着Web应用的普及和信息采集技术的进步，我们所需面对的数据量日益增长。科学界、工业界和计算机学术界几乎同时提出数据密集型计算的问题。据互联网数据中心（IDC）的报告统计，至2011年，全球数据量达到1 773 000 PB（petabyte，千万亿字节），这些数据已成为信息系统中各类应用的核心。通过网络提供基于海量数据的各类互联网服务或信息服务是信息社会发展的趋势，为学术界和工业界提出了新的研究问题和技术问题。基于海量数据处理是这类新型服务的重要特征，在这种背景下，数据密集型计算作为新型服务的支撑技术引起了广泛的关注。世界顶尖杂志《自然》曾出专刊专门介绍了海量数据所带来的技术挑战、解决技术及可预见的发展方向。

数据的爆炸性增长需要新的方法来实现重大突破。2009年10月，微软公司提出了“数据密集型科学”（data intensive science）的新概念，Jim Gray指出，科学研究继实验、理论分析和计算模拟之后将进入“数据密集型科学”的第四范式。数千年前，科学研究是基于经验和实验科学的，以描述自然现象为主的第一范式；近几百年，出现了以开普勒定律、牛顿运动定律、麦克斯韦方程等理论定律的理论科学分支（第二范式）；近数十年，出现了模拟复杂现象（如分子动力学模拟、药物分子设计等）的计算科学分支（第三范式）；今天，科学研究将向数据密集型科学探索的新模式变化，出现了e-Science，主要体现在：利用各种现代仪器获取或模拟产生海量数据；利用软件处理数据；利用计算机存储信息或知识；科学家分析数据库中的数据或文件。

一、数据密集型科学的特点

数据密集型计算是传统数据管理、高性能计算，以及数据分析和挖掘的结合，对海量数据进行自动分析和智能处理，进而发现其中蕴含的知识，是其最重要的研究内容，在许多领域中都具有重要的理论意义和实用价值。其特点如下。

1. 计算复杂

庞大数据规模的处理复杂度前所未有，这些数据通常是动态生成且往往无结构化，对这些数据的处理不再是单纯的传统关系型数据库查询，需要计算机系统提供新的并发处理能力来处理产生有意义的结果。

2. 数据核心

伴随着海量数据出现，许多科学研究和发现是基于数据的分析统计归纳和处理上获得的，大批数据经过有限计算产生了大量新的知识。

3. 用户多样

数据访问和使用方式的多样性，数据及其数据服务必须保证能够时刻处于可访问状态，这也要求整个系统具有海量并发能力和较高的任务吞吐量，以提供方便、高效、快捷和无处不在的信息服务。

目前，数据密集型计算在数据管理方面的技术研发受到学术界和工业界的广泛关注。在数据密集型计算系统和支撑技术方面，学术界和工业界已经取得了一些重要的成果。但是，数据密集型计算处理海量、快速变化、分布和异构的数据，涉及搜索、查询、分析和理解等处理过程，以 Web 服务方式提供应用接口，也是云计算的重要任务之一。鉴于这些新的特点，目前数据密集型计算仍面临着数据管理、集成和分析等方面的挑战。

二、数据密集型科学的发展现状

数据密集型科学可广泛应用于自然科学、工程学及人文和社会科学，可望在众多领域产生创新和突破。美国、英国、澳大利亚等许多国家发布了与数据密集型科学探索相关的研究计划，支持数据密集型科学探索及其相关研究。

（一）各个国家纷纷抢占数据密集型科学研究先机

美国国家科学基金会（National Science Foundation，NSF）发布了“长期数字数据集：增强 21 世纪的研究和教育能力”计划，强调了数字保存的重要性。NSF 计算机与信息科学及工程学部 2008 年开始支持为期 5 年的“通过网络实现科学发现与技术创新的计划”［The Cyber-Enabled Discovery and Innovation（CDI）Initiative），旨在通过创新和“计算思维”（computational thinking，即计算概念、计算方法、模型、算法和工具］的进步来改变 21 世纪的科学与工程学。研究数据密集型计算是 CDI 的重要组成部分，包括新兴的数据密集型计算模式——云计算研究。美国能源部、美国宇航局、美国国家大气研究中心、美国国立生物技术信息中心及加利福尼亚大学圣迭戈超级计算中心、华盛顿大学等均已投入到数据密集型科学研究之中。此外，澳大利亚国家数字服务（Australian National Data Service，ANDS）致力于将各种研究数据集融合成为研究资源集的研究；英国联合信息系统委员会（Joint Information System Committee，JISC）资助建立了数字获取中心；剑桥大学、欧洲生物信息学研究所和加拿大的维多利亚大学等机构，以及全球 IT 领先的企业如微软、亚马逊、IBM、SUN 等均已投入到数据密集型科学探索（包括云计算）领域的研发，以求在基础研究及应用领域占得先机。

（二）数据密集型科学探索为多个领域的科研带来革命性的变革

1. 将带领计算机科学走入全新的领域

密集数据的处理主体是计算机。计算机硬件是密集数据处理的基础设备，而计算机软件则是密集数据处理操作技术的具体实现者。当所需处理的数据呈现出爆炸式增长态势时，传统的计算机软件和硬件结构必将受到巨大密集处理需求的挑战，随着数据通信方式的快速发展，计算机科学也将随之而进步。因此，在密集数据处理、密集数据通信等方面，计算机科学都将接受来自密集数据的挑战。为了迎接这一挑战，计算机硬件体系结构、软件体系结构、数据分析处理与可视化算法等都会进入一个全新的领域。

2. 将给数据通信系统带来颠覆性设计

计算机技术与通信技术相结合，一种新的通信方式——“数据通信”应运而生。数据通信是把数据的处理和传输合为一体，实现数字信息的接收、存储、处理和传输，并对信息流加以控制、校验和管理的一种通信形式。思科“视觉化网络指数报告”（Visual Networking Index，VNI）研究报告指出，2010 年全球移动数据流量比 2009 年增长 159%，达到每月 237PB，对 2010~2015 年全球移动数据流量的预测，由于具备移动互联网功能移动产品的视频应用和相关服务日趋普及，2015 年的全球移动数据流量将比 2010 年上升 26 倍，每月将达到 6.3EB。

目前，互联网已经成为信息社会的基础设施，互联网承载的数据和服务呈现出爆炸式增长态势，导致基于 IP 地址端到端通信模式的 TCP/IP 体系结构在可扩展性、动态性及安全可控性等方面存在无法解决的问题。因此，现有的通信系统和通信模式已不能适应未来数据密集型应用，数据密集型科学对数据通信系统提出新的要求，带来全新的设计理念。

3. 将引发医疗健康领域的变革

自 1990 年实施人类基因组计划以来，生物数据以史无前例的规模增长源源不断地生成海量数据。作为后基因组研究的一部分，国际人类蛋白质组计划于 2003 年 12 月启动，当时蛋白质组研究每周产生几百 GB（gigabyte，千兆字节）甚至 TB（terabyte，万亿字节）的蛋白质的数据；随着研究基础设施的发展，一个研究机构一天可以产出 TB 级的蛋白质组数据，每年将产出 PB 级的数据。然而，一般的实验室显然不具备储存和处理这些大规模数据或将数据与其他大规模数据整合所需要的计算基础设施，甚至一些大型研究所也在计算资源方面面临越来越严峻的挑战。以高通量生物数据处理、存储与传输技术为主的生物信息技术的发展将彻底改变生命科学的研究模式。通过对个人基因组和蛋白质组的测序和计算，医疗保健模式将产生革命性的变化，将可实时获取医疗数据，并根据个体进行追踪和分析，从而保证个性化医疗。对海量数据的分析将会增强实时监控疾病的能力及对潜在流行病做出预警及反应的能力。

目前，国际上的相关研究还处于起步阶段，但前景被广为看好，如微软和谷歌开发了处理医学数据的网络数据库新技术（Microsoft Health Vault 和 Google Health），可以从其他信息系统和设备抽取患者的资料，但这些资料的所有权属于患者，患者有权决定数据是否公开。

4. 将引发自然科学与社会科学的变革

此外，当前环境科学、气象学、航天科学、化学化工、材料、核数据、原子分子、地学、机械结构与设计等科学研究日益以计算和数据为基础，需要更先进的技术以获取、存储、分析科学研究中产生的海量数据。随着网络技术的发展、数据终端（手机、个人计算机等）的迅猛增长及物联网技术的广泛应用，社会活动日益数字化。合理采集并利用海量数据建模，可以更好地服务于社会、政策制定者和公众。

三、我国数据密集型科学研究面临的主要问题

科学家在从事科学研究时，需要从不同地方或领域获取数据并进行分析，这就需要具备数据密集型科学所需的数据获取、数据存储、数据共享、数据计算和数据分析能力。数据密集型科学可为科学家提供这一系列的相关技术，有助于他

们有效实现所需计算和发布研究成果，最大限度地实现资源共享及其利用。数据密集型科学将成为人类科学研究的重要方式和不可或缺的工具。我国许多大学、科研机构也紧跟数据密集型科学发展的前沿，开展广泛的国际、国内合作，取得了一定的进展，但也面临如下挑战。

（一）数据共享程度低

数据共享是数据密集型科学的一个重要特征。我国于 1984 年加入国际科技数据委员会（CODATA），由中国科学院牵头组织国内有关部委成立了 CODATA 中国全国委员会。该委员会在我国组建了基本常数、化学化工、材料、核数据、原子分子、生物、环境、地学、机械结构与设计、天然气水合物等十个科技数据协作组。通过数据协作组，CODATA 中国全国委员会协调各学科领域的科学数据工作，为理化科学数据共享服务做出了积极努力，但数据共享的程度低，还需要进一步发展。

（二）数据密集型科学计算平台还处在低级阶段

发展数据密集型科学的基础是计算，但目前我国数据密集型的处理平台还都处在高性能计算阶段这样的低级阶段。

目前，我国自主设计开发的高端高性能计算机硬件平台有“天河”、“星河”等，这些为了高性能计算而设计的计算机在处理密集数据时在容错性、数据通量等方面都会受到限制。华大基因等生物信息研究机构采用的生物信息采集、分析平台大多也是基于目前的高性能计算平台常用的计算机集群结构，在应对密集数据方面只是增加了存储节点。在互联网应用领域，有多家知名国内公司开发了云平台，如阿里巴巴开发的阿里云、腾讯的腾云等，这些应用在硬件方面也是以计算机集群为主。在软件方面，华大基因等生物信息研究机构采用分布式软件结构，对海量的原始数据进行分析、处理，使之成为具有明确生物学意义的信息。国内云公司采用的大都也是分布式的软件结构。

数据密集型计算系统模型需要进一步研究。大量数据与计算服务均是动态产生的，这就要求数据密集型计算系统能够支持存储容量可扩展、计算能力可扩展、计算服务可扩展，满足系统规模升级、服务升级的客观需求；同时，数据处理日益强调绿色计算存储，还需要考虑如何以经济廉价的结构与管理方式来保持庞大规模数据的处理。

大规模处理系统的计算存储不够。传统高性能计算系统的计算能力非常高，其计算和存储相互隔离，数据从存储到计算结点需要经过较长的I/O路径和通路，但是对于数据密集型计算的海量数据计算，这种结构和方式其开销就太大，无法承受。

数据密集型计算系统的高效能和高可靠性需要进一步探索。数据密集型计算还面临着巨大的能耗压力，绿色存储和计算是世界普遍的需求，无论是目前的公司所提供的高性能计算系统和现行的大规模云计算系统在低能耗方面都严重缺乏有效的支持，一些计算中心甚至考虑在寒冷的地区和海底建立，以希望能够利用自然界的力量和技术的力量降低中心的巨大能耗。因此，如何构建高性能、低能耗、高性价比的可扩展数据密集型计算平台也成了另一重大挑战性问题。

（三）数据安全管理有待进一步加强

数据安全有对立的两方面的含义：一是数据本身的安全，主要是指采用现代密码算法对数据进行主动保护，如数据保密、数据完整性、双向强身份认证等，二是数据防护的安全，主要是采用现代信息存储手段对数据进行主动防护，如通过磁盘阵列、数据备份、异地容灾等手段保证数据的安全。数据安全是一种主动的包含措施，数据本身的安全必须基于可靠的加密算法与安全体系。数据处理的安全是指如何有效地防止数据在录入、处理、统计或打印中由于硬件故障、断电、死机、人为的误操作、程序缺陷、病毒或黑客等造成的数据库损坏或数据丢失现象，某些敏感或保密的数据可能不具备资格的人员或操作员阅读，而造成数据泄密等后果。数据存储的安全是指数据库在系统运行之外的可读性，一个标准的数据库，稍微懂得一些基本方法的计算机人员，都可以打开阅读或修改。一旦数据库被盗，即使没有原来的系统程序，照样可以另外编写程序对盗取的数据库进行查看或修改。从这个角度说，不加密的数据库是不安全的，容易造成商业泄密。这就涉及了计算机网络通信的保密、安全及软件保护等问题。

我国在数据安全方面除大学、科研院所等机构外，主要有瑞星、金山毒霸、江民和奇虎 360 等公司。瑞星生产的杀毒软件采用第八代杀毒引擎，能够快速、彻底查杀各种大小病毒，其监控能力是比较强大的，但同时占用系统资源较大，并且瑞星的网络监控不足，最好再加上瑞星防火墙弥补缺陷。金山毒霸是金山公司推出的电脑安全产品，监控、杀毒全面、可靠，占用系统资源较少。其软件的组合版功能强大（毒霸主程序、金山清理专家、金山网镖），集杀毒、监控、防木马、防漏洞为一体，是一款具有市场竞争力的杀毒软件。江民杀毒软件具有良好的监控系统，独特的主动防御使不少病毒望而却步。360 安全卫士是一款功能强大、免费使用的杀毒软件。但总体来说，这些杀毒软件与国外的一些杀毒软件相比在防护有效性、资源占用等方面还有一定的差距。

（四）数据建模、分析和应用方面与国外相比有巨大差距

经过多年的努力，尽管我国在生物信息学、通信等多个领域的数据建模、分析和应用方面已取得了令人欣慰的成绩，但和抢占了数据密集型科学研究先机的国家相比，我国还存在着巨大差距。

1. 生物信息学领域

生物信息学是伴随着人类基因组计划的实施而发展起来的一门新兴交叉学科，是近年来发展最快的学科领域之一，其主要任务是利用计算机和数学工具处理大量的生物数据。我国的生物信息学起步稍晚，但经过十几年的发展，无论在数据管理、分析，还是在原始生物数据获取能力上都迎头赶上，与国际领先水平仅有几年的差距。该领域投资少、见效快，是我国最有可能赶上并超过国际领先水平的领域之一。

国内的很多高校和研究机构目前都非常重视生物信息学，相关的研究也逐渐受到重视。比如，华大基因承担了人类基因组计划（HGP）中国部分的测序任务，以及水稻、家蚕、家鸡、大熊猫、黄瓜、藏羚羊、石斑鱼等全基因组的测序。中国科学院北京基因组研究所曾参与或独立完成了国际人类基因组单体型图计划、中国超级杂交水稻基因组计划、家蚕基因组计划、家鸡基因多态性图谱等一系列重大科学项目；与沙特合作开展“中沙椰枣基因组计划”及与吉林省合作进行人参基因组图谱分析工作。北京大学生物信息中心目前拥有 96TB 的数据存储能力，运行并维护着 WebLab、KOBAS、CPC、GSDS、PlantTFDB、AHD、SeedGeneDO 等 30 多个生物信息学在线分析平台及数据库，是目前国内最大的生物信息学在线资源；另外该中心还是欧洲分子生物学网络组织（EMBnet）的中国节点。军事医学科学院蛋白质组学国家重点实验室承担的“人类肝脏蛋白质组计划”目前已成功鉴定了人类肝脏蛋白质 13 000 余种，构建了国际上最大规模的、含有 3480 多对高可信肝脏蛋白质相互作用的网络图；建立了国际上首个人体器官蛋白质组数据库，规模最大、质量最高、数据最全面；发现了脂肪肝、肝细胞病毒感染、癌变，以及转移相关的蛋白质标志物群、潜在药靶和候选药物，寻找到了一批与肝癌、脓毒症和鼻咽癌等复杂疾病相关的易感基因。西南大学的家蚕基因组信息学、重庆邮电大学三峡生物多样性信息学等都取得了一定的进展。

目前，我国的生物信息学领域仍存在一些问题，其中发展最大的瓶颈在于人才缺乏。生物信息学发展较晚，大部分从事生物信息学研究的人员是从其他专业转行过来的，如生物、计算机、化学、物理、数学等；国内生物信息学专业毕业的学生大部分选择到国外从事相关领域的研究，人才流失严重。

另外，生物信息基础平台建设滞后，资源及数据共享程度不高。生物信息学对于计算能力和存储能力有较高的要求，尽管我国一些高校和研究机构已经有了部分相关投入，但还远远不能满足需求。各机构之间的平台之间比较分散，共享程度不高，存在较大的资源浪费。

2. 通信领域

密集数据的新型通信体制的研究，并没有完全针对密集数据科学开展，但有对未来互联网展开研究，特别是在 973 计划等项目的资助下，国内在互联网可信、移动性以及可管可控方面取得了一定的成果，对未来互联网新型体系结构及路由节点进行了探索。

清华大学提出了可信任下一代互联网体系结构，该结构是一个分层模型，从基础设施、安全服务、可信应用三个层面解决互联网的可信任问题。针对当前互联网中源地址伪造带来的大量安全、管理、计费和应用问题，提出了一种真实 IPv6 源地址寻址体系结构，确保互联网上传输的分组来自于源地址授权的使用方。在基于真实 IPv6 源地址访问的互联网中，由于审计和追踪变得非常容易，身份认证等安全服务也比现有互联网简单，在此基础上构造可信任的应用系统也将大大简化。这一体系结构的实现和部署可以在一定程度上提高互联网的可信任性。

北京交通大学牵头的 973 项目——一体化可信网络与普适服务体系基础研究，致力于新的网络体系结构的研究，提出了一种两层体系结构模型，包括网络层和服务层。服务层的标识和网络层的标识分离，通过标识映射实现网络层和服务层的连接。由于采用位路和标识分离的设计思想，并在此基础上实现接入控制，这一体系结构可以在一定程度上解决移动性、用户隐私保护及行为可控等相关问题。但这种体系结构仍然把互联网看作是传输的通道，仍然由地址驱动路由，无法从根本上解决互联网可扩展性、应用性能可控性等问题。

北京邮电大学牵头的 973 项目——可测可控可管的 IP 网的基础研究，也在致力于解决网络的有效管控问题，项目围绕 IP 网可测可控可管的结构、模型与实验验证、IP 网的网络管理模型、机制与算法、IP 网络的信任管理体系和理论、IP 网生存性的通用机理和调控方法等关键内容展开研究工作，取得了一系列成果。该项目的研究工作是在 TCP/IP 体系架构下开展的，旨在通过提出新的理论、算法、协议、机制加强互联网的可测可管可控性。TCP/IP 互联网缺乏可控性是由其体系结构本身决定的，尽管通过增加测量等新的机制可在一定程度上增强网络的可管可控性，但并不能从根本上解决这个问题。

四、对我国大力发展数据密集型科学的建议

1. 尽快建立和完善我国《网络信息安全法》和《网络信息公开法》等相关的法规和制度体系

随着我国信息化，尤其是数据密集型科学的推进与发展，科学研究乃至整个社会对网络数据的依赖性日益提高，病毒问题、网络攻击问题及数据盗窃问题等数据安全性问题日益突出，数据安全已成为国家安全的重要组成部分。依法管理和保护网络数据，依法打击相关违法犯罪活动，已成为当务之急。

因此，建议国家尽快建立和完善《网络信息安全法》和《网络信息公开法》，确立信息（数据）安全、数据共享、公开的法律原则和基本制度，明确国家各部门及社会各方面在信息（数据）安全保障和公开上的职责。

建立和完善网络信息（数据）安全（公开）的监控制度、网络（数据）信息安全分析与共享制度、网络（数据）信息安全的评估制度、网络（数据）信息安全的应急保障制度、有害信息（数据）的防治制度、网络（数据）信息安全的人才培养和培训制度，以调动社会各方面的力量，排除国内外不法分子的破坏、干扰和攻击，确保国家基础设施的安全，维护国家安全和社会稳定，为国家的数据密集型科学的发展创造良好的法制环境和社会环境。

2. 加强数据共享，打破因部门利益造成的数据割据局面，注重标准研究以利于数据共享、交换与分析

由于部门利益割据，导致数据私有，加之不同用户提供的数据可能来自不同的途经，其数据内容、数据格式和数据质量千差万别，因而给数据共享带来了很大困难，有时甚至会遇到数据格式不能转换或数据转换格式后丢失信息的棘手问题，严重地阻碍了数据在各部门和各软件系统中的流动与共享。数据共享的程度反映了一个国家或地区的信息发展水平，数据共享程度越高，信息发展水平越高。

因此，建议注重标准研究以利于数据共享、交换、分析。首先，建立一套统一的、法定的数据交换标准，规范数据格式，使用户尽可能采用规定的数据标准。其次，要建立相应的数据使用管理办法，制定出相应的数据版权保护、产权保护规定，各部门间签订数据使用协议，这样才能打破部门、地区间的信息保护，做到真正的信息共享。

3. 建立专项基金支持数据密集型科学发展

建议国家设立专项基金，大力支持数据密集型科学发展。例如，数据密集型计算系统的基础理论和方法包括支持海量并发计算的可扩展计算系统模型和结

构，支持大规模数据并发处理的体系结构，从芯片级到系统级的低功耗设计技术；大规模数据处理系统中的数据挖掘：支持海量数据处理的新型数据挖掘算法，计算能力和挖掘的平衡；大规模数据处理系统的可靠性理论和方法：海量并发计算的高速恢复技术，大规模系统数据校验、数据备份与数据恢复技术。重点研究密集数据的高抗毁和高安全性的网络体系架构、分布式数据的高效能的传输技术、灵活的数据转移模式。此外，数据安全技术、生物信息技术、医疗卫生、气象及国防等多个与数据密集型科学相关领域都需要加快研究步伐。因此，建议科技部、工业和信息化部、国家自然科学基金委、国家统计局等相关部委设立专项基金，建立统筹协调机制，支持数据密集型科学发展。

4. 明确数据密集型计算的主流和共性算法，并建立相应的研究中心，根据应用需求开发软件和相应的硬件，加强数据密集型计算科技成果的转化

根据 IDC 的报告，未来 10 年全球大数据将增加 50 倍。在激烈竞争的国际环境下，谁先掌握数据密集型计算的技术，谁就有可能掌握制胜的主导权。因此，建议在国内某个或某些城市建立数据密集型计算的研究中心，加强数据密集型计算专业领域的研究，明确数据密集型计算的主流和共性算法。建议建立面向重大示范应用的数据密集型计算系统实验平台，如数字城市、舆情分析、生物信息等涉及社会民生领域。

建议完善有利于科技成果转化的政策，成立数据密集型计算的相关协会，加强数据密集型计算科技成果的转化。将面向国家重大需求的生命、天文、海洋、医学等领域的海量数据处理的计算和存储服务，空间探测、资源环境监控、地址灾害监测等领域的环境监测和保护，数字城市、数字社会等领域的海量数据的并行分析与可靠低耗存储等数据密集型计算方面取得的科技成果及时转化为生产力。

5. 配合数据密集型计算，重视并行显示技术

随着计算机的计算能力和存储能力的飞速发展，如何准确、快速地表现海量数据成了一个亟待解决的问题。其中不仅包括如何以更大的屏幕来显示数据，还包括如何以更快的速度来处理数据。采用并行计算技术的显示屏幕是解决该问题的一个有效途径。

因此，建议配合数据密集型计算技术发展的同时，重视并行显示技术的研究，使得计算产生的海量数据可以达到可视化的目的。

6. 加大人才培养力度

数据密集型科学呈现出计算复杂、数据核心、用户多样等特点。人才，尤其

是交叉型高级人才的缺乏是数据密集型科学发展的瓶颈。海量数据来源于通信、计算机网络、基因组、医疗卫生、气象等不同学科，“跨学科合作与培训”成为发展数据密集型科学的一个重要特征。

因此，建议鼓励并大力支持有条件的高校培养“专业＋信息技术”复合型人才；建议国家设立专项启动基金，对青年研究人员提供资助；制定优惠措施，营造良好环境，吸引国外相关领域优秀专家回国从事数据密集型相关研究工作。

（本文选自 2013 年咨询报告）

咨询组成员名单

王志新	中国科学院院士	清华大学
贺福初	中国科学院院士	中国人民解放军军事医学科学院
刘宴兵	教　授	重庆邮电大学
李伟生	教　授	重庆邮电大学
舒坤贤	教　授	重庆邮电大学
朱云平	研究员	中国人民解放军军事医学科学院
张建国	研究员	中国科学院上海技术物理研究所
方　竞	教　授	北京大学
刘海一	教　授	中国医学科学院
孙　啸	教　授	东南大学
历力华	教　授	杭州电子科技大学
谢　叻	教　授	上海交通大学 国家模具 CAD 工程研究中心
周怀东	教　授	中国水利水电科学研究院
李　烨	研究员	中国科学院深圳先进技术研究院
朱怀球	教　授	北京大学
蒋太交	研究员	中国科学院生物物理研究所
石建斌	教　授	北京师范大学
刘　雷	研究员	中国科学院上海生命科学研究院
李　栋	副研究员	中国人民解放军军事医学科学院

稀土对环境与健康的影响

柴之芳　等

我国稀土资源的合理开发和利用是一个战略问题。20世纪80年代开始的“稀土热”促进了稀土产品的研发和广泛使用。但是当时热衷于稀土的开发和利用，对于稀土如何影响生态环境和人体健康的关注不够，缺乏多方位深入的科学研究，尤其是基础研究。相关研究也缺乏深度和系统性，研究结论存在分歧。尽管如此，经过近30年的不断研究，对于因稀土开采/利用不当所造成的环境污染已有共识，并且已开始采取措施解决环境污染问题。但是，关于稀土暴露对人体健康的危害却始终没有明确的结论，更没有引起大众和地方政府的重视。因此，生产工艺改革和环境治理无依据，对稀土的盲目开采难制止，稀土对环境和人体健康的长期影响也不能预计。这样，就难以达到稀土合理开发、应用的目的。我们认为，只有把思想统一在保证人体健康的目标下，才能提高民众对合理开发的自觉性，才能促使地方和部门负责地管理，才能发现需要解决的问题和不断出现的新问题，才能对外阐述我们的管理政策。为达到此目的，关键是依据可靠的研究结果，提出科学的结论，作为治理和管理稀土开采、加工和应用的准绳和依据。否则，盲目开发就不能停，政府管理就不到位，公众健康就难保证，稀土合理应用就难实现。

我们认为，环境问题归根结底是对人体健康的影响问题，要从稀土对人的健康的影响出发来规划稀土的合理应用。从这个基本观点出发，本报告回顾了近30年对稀土应用安全性问题的研究，分析了围绕这方面的研究产生结论分歧的缘由；总结了有关稀土暴露范围和传播途径，稀土农用对农业环境、食品安全的影响以及稀土的毒理学行为等三方面的现有论点。具体情况已汇总在总报告和分报告中。在此仅陈述一般性问题，并提出我们的建议。

1. 亟须组织多方位深入的科学研究，尤其需要加强基础研究。在此基础上针对稀土对健康的影响做出确切、具体的结论，提出有关稀土对健康影响的科学报告

关于稀土毒性的确切结论，以及可靠的、定量的毒性参数是指导和管理稀土合理开发、应用的关键。对毒性的评价和标准的制定也都需要以其毒性表现和相

应的剂量依赖关系为依据。但是，由于毒理学的观点和研究方法的变化及不同时期研究条件的差别，20 世纪 80 年代所做的关于稀土毒性的结论与后期研究的结果差别很大；其后对这类需要长期坚持的公益性研究的支持力度又不够，未能进行有组织、具有深度和系统性的研究，至今关于稀土对人体健康影响的研究结论仍然存在分歧。

由于稀土的生物学效应在机制及表现上有其复杂性和特殊性，所以阐明稀土暴露对人体健康的影响是一项综合性研究。因此，我们建议在国家层面组织力量和资源进行专项研究，统一计划、研究方法和质量控制，集中各方面的优势进行多学科、多方位深入的科学研究，尤其需要加强基础研究。在此基础上做出确切、具体的结论，提出有关稀土对人体健康影响的科学报告，基于该报告评估稀土开发、应用及由此引起的有关稀土的安全性。

2. 需要注意稀土对特定人群健康的影响

以往的稀土毒性研究多基于对正常动物的实验和人群调查。这些研究表明，通过饮食进入健康机体的稀土量很少，表现出毒性较低。但近年来的研究结果显示，稀土对特定人群的健康影响不容忽视，尤其是肾功能不良人群、老年人群、孕妇、哺乳期妇女、婴儿等。因此，我们建议需注意稀土对特定人群健康的影响。

3. 亟须研究稀土的各种传播途径及影响范围

以往的研究只注意稀土通过大气、河流等传播的传统途径，但对于其他可能的传播途径和传播方式重视不够。这些非传统的传播途径包括医源性稀土对环境的污染、吸烟导致的室内空气污染、燃油排放、悬浮颗粒物的扩散等。研究显示，稀土暴露范围正在通过这些途径扩大到沿海地区、远离矿区的大城市及室内，因此，我们建议需注意稀土对远离矿区的地区所带来的影响，需加强对稀土非传统传播途径的研究和远程传播途径的跟踪。

4. 亟须在深入研究稀土的食品安全性问题的基础上，制定有关稀土的三项健康指导标准，解决与稀土农用有关的食品安全问题

稀土农用（包括农、牧、渔、禽等方面）涉及食品安全性问题。随着食品的流通，它们的影响会遍及全国。现有关于稀土的研究结果提示，有关稀土的三项健康指导标准 [包括最大无作用剂量（MNL）、允许日摄入量（ADI）和食物的稀土限量标准）] 均应低于 20 世纪 80 年代毒理学研究提出的数值，因此，我们建议应尽快普查施加稀土添加剂条件下养殖或种植的动植物中食用部分的稀土含量；在深入研究稀土的食品安全性问题的基础上，尽快修订上述三项标准，解决

与稀土农用有关的食品安全问题，将稀土纳入食品质量监管体系。

5. 需对稀土农用的利弊进行多方面评估，修订相关政策、方针和管理模式

有关食品安全性中的稀土问题关键在于“稀土农用”问题，从源头管理可以基本解决食品安全性中的稀土问题，也可减少土壤河流污染的问题。但目前从生产、销售到应用的归口管理不清楚，缺少明确的规定，具体管理也不到位。因此，我们建议需要客观评价稀土的增产防病作用所带来的实际效益与其对生态环境和人体健康所带来的潜在影响，从而修订相关政策、方针，根据研究结果按不同动植物分别制定在肥料、饲料、饵料中使用稀土添加剂的规定，进一步确定农用稀土的管理模式，在国家层面上组织有关部门协同管理。

总之，稀土开发和应用的安全性问题归根到底是对人体健康的影响问题。正是对这方面的轻视使人们敢于盲目开采和使用，使地方疏于管理。因此，基于稀土对健康影响的研究结果，可提高民众对稀土合理开发的自觉性，加强地方和部门管理的科学性。

（本文选自 2013 年咨询报告）

咨询组主要成员名单

柴之芳	中国科学院院士	中国科学院高能物理研究所
陈兴安	研究员	南京农业大学
陈祖义	教　授	卫生部
黄文艳	研究员	中国科学院院士工作局
郭新彪	教　授	北京大学
郝卫东	教　授	北京大学
洪法水	教　授	苏州大学
黄晓华	教　授	南京师范大学
纪云晶	研究员	北京市劳动卫生职业病防治研究所
梁　涛	研究员	中国科学院地理资源研究所
刘　琼	教　授	深圳大学
卢国珵	教　授	北京大学
倪嘉缵	中国科学院院士	中国科学院长春应用化学研究所 深圳大学
潘小川	教　授	北京大学

彭　安	研究员	中国科学院生态环境中心
钱　易	中国工程院院士	清华大学
王　夔	中国科学院院士	北京大学
王春霞	研究员	国家自然科学基金委员会
王淀佐	中国科学院院士	北京有色金属研究总院
徐厚恩	教　授	北京大学
杨晓达	教　授	北京大学
杨晓改	教　授	北京大学
杨卫东	研究员	中国科学院地质化学研究所
余四旺	副教授	北京大学
张　恒	研究员	中国科学院院士工作局
张凯琳	研究员	江西省职业病防治研究院
张智勇	研究员	中国科学院高能物理研究所
周　莉	教　授	吉林大学
周　青	教　授	江南大学
朱建华		江西医学院
朱旭东	博　士	南京农业大学

注：以姓氏汉语拼音为序

改革高校研究队伍结构，释放高校潜在科技创新能力

——高校专职科技人员的聘用改革的思考

涂传诒　等

针对当前世界发展形势，国家对高等教育提出了新的要求，在《国家中长期教育改革和发展规划纲要（2010—2020年）》中明确提出，“加快创建世界一流大学和高水平大学的步伐，培养一批拔尖创新人才，形成一批世界一流学科，产生一批国际领先的原创性成果，为提升我国综合国力贡献力量”的战略目标。

2011年，胡锦涛同志在庆祝清华大学建校100周年大会上发表了重要讲话，他指出，“全面提高高等教育质量，必须大力增强科学研究能力。要积极推动协同创新，通过体制机制创新和政策项目引导，鼓励高校同科研机构、企业开展深度合作，建立协同创新的战略联盟，促进资源共享，联合开展重大科研项目攻关，在关键领域取得实质性成果，努力为建设创新型国家做出积极贡献”。党的十八大报告提出，要不断推进理论创新、制度创新、科技创新。高校应该在国家科技创新发展中做出更大的贡献。

为实现国家对高校的要求，我们针对目前高校在实现科技创新过程中所存在的瓶颈，提出改革措施建议，以促进发展目标的快速实现。据我们分析，目前我国高校科研体制和科研团队结构的现状是这一目标实现的主要障碍。虽然《教育部　财政部关于实施高等学校创新能力提升计划的意见》（教技〔2012〕6号）中提出了“建立以任务为牵引的人员聘用方式”，但在当前国家对高等学校的管理方式及科教拨款与预算体制下是难以实施的。简要分析如下。

1）目前高校主要科学研究力量是教授和其指导的研究生和博士后组成的团队。能够形成稳定的团队，是由于高校的研究生培养实施“导师项目资助制”，可是，科学研究不是该团队的首要任务。《国家中长期教育改革和发展规划纲要》要求“把教学作为教师考核的首要内容”，学校希望教师争取到科研项目，以利于研究生的培养，同时又不愿意教师少做教学工作。教授的首要职责是教学，研究生的主要任务是学习。教师和学生组成的团队，围绕教学任务，主要做一些规模小、费时少的课题，即使把多个团队形式上联合起来，也都是虚体机构，这种

没有专职科技人员参加的科研团队体制限制了高校进一步提高科技水平。国际领先的原创性成果和高端仪器通常是在高水平的实体科研中心研制产出的，其研制过程需要高水平的、专职的、以特定科技项目为首要职责的科研、实验、工程技术人员为支撑。为了稳定支持重大重点科研项目，需要设置科研编制，聘用以科研项目为首要职责的非临时的科技专家。

2）目前高校所得到的经费（包括教育经费和科研经费）都不能合理、合法地用于聘用以科技项目为首要职责的科技专家。我国高校得到的教育经费是“生均综合定额”拨款，以及“985 工程”“211 工程”专项经费，这些经费分别用来支付学校教师、管理人员和其他相关服务人员的工资和津贴，原则上不能用于支持以科研项目为首要职责的科技人员。高校“生均财政定额拨款”数额是按学生总人数来核定的，这导致大学教师岗位基本上是按课程多少和学生人数设定的。增加科研编制，可增加科研项目，但不能相应地增加生均定额拨款，而且还会导致减少教学编制的工资分配，从而带来矛盾。生均定额经费，虽然原则上可以统筹使用（含公用经费和人员经费），但是主管部门在确定生均定额时，考虑的是学生的生均培养成本，没有将不做教学的只为特定项目工作的纯科研人员的工资福利计算在内。高校得到的教育经费要保证学校的运转，不能支持建立以科技任务为牵引的人员聘用方式。

3）高校从国家各部门争取到的科研项目的经费，虽然数额很大，但不允许为参加项目的研究人员发放工资和津贴（具体参见财教〔2011〕434 号、财教〔2006〕219 号、国科发财〔2009〕97 号）。虽然项目的直接经费可以列支劳务费，但只能“支付给项目组成员中没有工资性收入的相关人员（如在校研究生）和项目组临时聘用人员”。一些项目的间接经费可以列支绩效，但这是奖金性质，不是工资和津贴。高校得到基本科研业务费拨款也不允许发工资（具体参见财教〔2011〕171 号、财教〔2008〕233 号、财教〔2009〕173 号）。这种情况使得主要从事国家科研项目的科技人员不能合理、合法地从项目经费中获得相应的报酬。

因此，为实现高校“建立以任务为牵引的人员聘用方式”，促进高校形成“稳定与流动”相结合的，由教师、研究生和专职科研、实验、工程技术人员组成的科研团队，增强重大科研集成攻关能力，提升高校科技创新能力，以高水平科学研究支撑高质量高等教育，提出以下建议。

1）财政部、科技部、教育部、国家自然科学基金委员会等部委联合制订有关文件，明确允许高校在国家科研项目费中列支人员费（包括工资津贴和福利），不受劳务费比例的限制，用以聘请以完成该科研项目为职责的专职或兼职科研、实验、工程技术人员，从而解决上述瓶颈问题，达到释放高校潜在科技创新能力的目的。

2）财政部和教育部制订有关文件，明确允许高校用其得到的基本科研业务费支持一定数量的专职科技编制人员费（包括工资津贴和福利）用以聘请以支持科技平台、管理高端科学仪器的科技人员。

3）取消博士后在工作站的工作年限限制，并由科研项目费支付其工资、津贴和福利。

此项改革将对高校发展具有里程碑意义，主要体现在以下四个方面：

1）将使高校理顺教学与科研的关系，用教育经费支付教育工作人员工资，用科研经费支付科研工作人员工资，进而建立以科研项目为职责的专职科研与工程技术聘用系列，使高校可以更加有效地组织学术力量从事重大科学技术问题的研究，释放高校潜在的科技创新能力，实现以高水平科学研究支撑高质量人才培养。

2）实现高校功能的升华，使高校从主要培养本科生和研究生的场所，发展成为既是培养高端拔尖创新人才的场所，又是产出国际领先的、原创性成果的实体科技创新中心，为促进国家经济社会发展发挥更大作用。

3）将有力地促进国家“2011 计划”的实施。校内的实体科研中心建立后，与校外单位的实体科研中心的联合就变得容易执行。

4）更好地发挥科研项目资助经费的效率。比起目前教师和学生课余研究的情况，将更好地保证项目研究人员参研的时间，将更好地保证项目参研人员的稳定性，从而在不增加投入的情况下，提高科研成果的产出的水平。

（本文选自 2013 年院士建议）

建议专家名单

涂传诒	中国科学院院士	北京大学
杨芙清	中国科学院院士	北京大学
王阳元	中国科学院院士	北京大学
郝吉明	中国工程院院士	清华大学
李曙光	中国科学院院士	中国科学技术大学
李德仁	中国科学院院士 中国工程院院士	武汉大学
林学钰	中国科学院院士	吉林大学
符淙斌	中国科学院院士	南京大学
王　颖	中国科学院院士	南京大学
张全兴	中国工程院院士	南京大学
李小文	中国科学院院士	北京师范大学
张　经	中国科学院院士	华东师范大学

舒德干	中国科学院院士	西北大学
张国伟	中国科学院院士	西北大学
焦念志	中国科学院院士	厦门大学
莫宣学	中国科学院院士	中国地质大学（北京）
金振民	中国科学院院士	中国地质大学（武汉）
殷鸿福	中国科学院院士	中国地质大学（武汉）
文圣常	中国科学院院士	中国海洋大学
陈　骏	校　长	南京大学
刘家铎	校　长	成都理工大学
塔西甫拉提·特依拜	校　长	新疆大学
周文斌	校　长	南昌大学
李清泉	校　长	深圳大学
于志刚	党委书记	中国海洋大学
陈发虎	副校长	兰州大学
万　力	副校长	中国地质大学（北京）
董德明	科技处长	吉林大学
戴民汉	院长 / 主任	厦门大学
侯甬坚	主　任	陕西师范大学
张兴洲	院　长	吉林大学
周启星	院　长	南开大学
高　抒	院　长	南京大学
倪晋仁	副院长	北京大学
汪永进	教　授	南京师范大学
时　钟	教　授	上海交通大学
刘池阳	教　授	西北大学
王成善	教　授	中国地质大学（北京）

采用激光，开发地热发电

王之江 ①

最近发表的一个报告（*Laser Focus World*，2012 年 12 月），对能源工业和激光工业可能会产生很大影响。

这是美国能源部（DOE）与高级研究规划局（能源）（ARPA-E）资助，从 2009 年开始的重大项目研究成果。由于开发地热常须钻井经过很硬的火山岩层、花岗岩和玄武岩，常规钻井时要对钻头加上 10 吨以上的压力。高级研究规划局（能源）要求发展新技术，使钻井费用下降 10%。Foro Energy 公司的计划是采用激光辅助下钻井，采用激光加热使岩石碎裂和软化后，再用机械钻机去除。采用 20 千瓦激光，导光深度 1.5 千米，激光一次加热使岩石碎裂和软化的深度约数毫米。Foro Energy 公司于 2012 年声称完成了概念可行性论证。原来大型钻机功率消耗约 2000 马力 ②，相当 15 兆瓦，激光功耗为 100 千瓦，采用激光后钻机功耗降到 10 马力，相当 7.5 千瓦。现正部署野外钻井，目标是深度 4 千米以上。

由此可见，激光钻井可望大幅度降低地热发电成本。

石油、天然气、地热等能源工业，为取得资源年花费约 100 亿美元，是一个规模很大的部门。美国麻省理工学院报告估计，美国大陆地表下 3 ~ 10 千米开发 2% 的地热资源，就可以供应相当全美年总耗电量 2500 倍的电能。美国能源部规划地热发电：要求从 2007 年的 2.8 吉瓦，10 年后达到 15 吉瓦。南加利福尼亚州的电力结构中，2007 年地热发电已占 9%。与此相比，南加利福尼亚州的电力结构中，2007 年太阳能发电只占 1%。

中国国土资源部发布数据表明，中国大陆 3 ~ 10 千米深处干热岩资源总计相当于中国目前年度能源消耗总量的 26 万倍。不过我国地热发电从 20 世纪 70 年代起步以来，一直沉寂了 30 多年，直到 2012 年 7 月，国家发展和改革委员会为地热发电提出了一个装机目标《可再生能源发展“十二五”规划》，预计到 2015 年地热发电装机 10 万千瓦，即 0.1 吉瓦。

我国地热直接利用目前已居世界首位，相比之下，地热发电一直未受重视。

---

① 王之江，中国科学院院士，中国科学院上海光学精密机械研究所。
② 1 马力 =745.7 瓦。

2010年，在全球24个地热发电国家中，我国排在第18位，不如许多发展中国家。我国宜将地热发电放在能源的重要地位上，加快其发展。

近50年前就有人提出用激光钻井的建议，但是一直没有合适的高功率激光器。Foro Energy公司现在采用的是波长1.07微米的光纤激光，从通过光纤长距离传输而言，波长1.07微米并非最好。各种光纤中传输损耗最小的是通信光纤，它在波长1.07微米的损耗是0.7分贝/千米，即4千米光纤透过50%。通信光纤在波长1.5微米的损耗是0.2分贝/千米，4千米将透过80%。所以，采用波长1.4～1.5微米的半导体激光是更好的选择，而且它谱线宽、亮度低，没有光纤激光的传输非线性问题。

最近几年，将半导体激光通过单根光纤传输几千瓦的技术已很成熟。传输100千瓦半导体激光的光纤束，总直径可小于1厘米。不过现在，成熟廉价的高功率半导体激光波长小于0.98微米，光纤传输损耗大于1分贝/千米，4千米光纤透过30%～40%。但对于井深2～3千米而言，0.98微米还是不错的选择，由于它比光纤激光价廉而且电效率更高。0.98微米高功率半导体激光技术相对成熟和廉价的原因是最近一二十年大量应用之故。1.4～1.5微米高功率半导体激光技术必将由于激光钻井的发展而更为廉价成熟。

（本文选自2013年院士建议）

关于进一步推进独立工矿区改造搬迁工作的建议

陆大道　等

目前，全国有128个独立工矿区，它们大多是在我国工业化起步阶段形成的。近年来，随着资源逐渐枯竭，历史遗留问题及发展中新问题引发的矛盾不断凸显。独立工矿区已成为我国区域协调发展的难点和推进新型城镇化的薄弱环节。在我国经济社会发展转型期，加快推进独立工矿区改造搬迁有利于扩大内需，更有利于改善广大居民的生活质量，是一项重大的民生工程和发展工程。

一、独立工矿区面临的主要问题

自2012年年初，我们开展了全国独立工矿区可持续发展问题研究。通过实地调研和经济社会指标分析，我们确定了全国128个独立工矿区。其中，煤炭工矿区74个、有色金属工矿区28个、黑色金属工矿区14个、非金属工矿区11个、油气工矿区1个。它们分布在全国25个省（自治区、直辖市），涉及总人口约1652万人，国土面积合计约6.31万千米^2。独立工矿区作为国家重要的能源资源供给基地，为国家和地区发展做出了突出贡献。新中国成立以来，独立工矿区累计为国家生产原煤214亿吨，铁矿石15亿吨，铜矿石1.3亿吨，铅锌、钨、锰、钼、铝土、金等金属矿石8亿吨，磷、高岭土、石膏、石墨等非金属矿产13.5亿吨。但随着资源衰减，工矿区的经济、社会及生态环境问题逐渐显现出来。

1. 资源大幅度衰减，经济发展水平低

大部分独立工矿区经过几十年甚至上百年的开采，主要矿产资源剩余可采储量大幅下降。据初步测算，目前128个独立工矿区平均矿产资源可采年限为41年，年开采量已普遍降至高峰时期开采量的50%以下，许多工矿区主导矿产资源已经枯竭。由于独立工矿区在经济上严重依赖资源开采和加工，资源型产业一业独大，增加值占地区生产总值比重普遍超过50%，有的甚至超过80%。一旦资源市场出现波动或经济紧缩，工矿区发展就难以为继。目前，全国独立工矿区人均GDP不及全国平均水平的一半，人均财政收入不及全国人均水平的25%。

2. 基础设施和公共服务设施滞后，社会服务功能缺失

“先生产、后生活”是独立工矿区建设初期的基本思路。长期以来偏重生产基地建设，而忽略了对基础设施和公共服务设施的系统建设。多数工矿区的对外通道陈旧破损，与外部联系极其不便，难以接受到中心城区的辐射带动。工矿区内部的道路、供电、供水等基础设施主要依靠当地工矿企业自主建设，投入少、标准低、配套不完备，且多数受矿山地质灾害影响受损严重。例如，唐山市古冶区内集中供水率、供热率、供气率分别仅为 63%、36%、4.4%。同时，绝大多数独立工矿区的资源开采区和居民生活区相互交错，商贸、休闲娱乐等社会综合服务功能严重缺失。

3. 生存环境恶劣，生态和环境问题严重

独立工矿区大多数分布于偏远的山岭沟壑地区，自然环境恶劣，且一半以上的独立工矿区位于自然灾害多发区。长期的高强度资源开采和生态修复工作的缺位导致独立工矿区面临严重的土地沉陷、植被破坏、水土流失、环境污染等问题。目前，全国独立工矿区共有采矿沉陷区 3366 千米^2，地质灾害隐患点 16 833 处，影响面积达 15 277 千米^2。由于技术和资金缺乏，工矿区的生产生活废水大多未经处理直接排放，造成水体和土壤的酸碱污染、有机物质污染和重金属污染等问题。例如，湖南省水口镇山矿区因多年铅锌矿开采导致重金属污染面积达到 1.98 万公顷。矸石山等固体废弃物堆积和露天开采遗留下来的巨大矿坑不仅破坏自然景观、产生扬尘污染，也是严重的安全隐患。

4. 居民生活艰苦，社会民生问题突出

随着资源枯竭，独立工矿区的社会民生状况令人担忧。2011 年，全国独立工矿区城镇居民人均可支配收入 14 727 元，仅为全国平均水平的 67%。由于收入水平低，独立工矿区广大居民无力改善居住条件，有近 200 万人长期居住在 20 世纪六七十年代修建的工矿棚户区内，房体残破不堪，没有暖气、煤气、上下水管道，许多矿区几十户居民共用一个简易厕所，生活条件非常艰苦。工矿区失业率远高于全国平均水平，下岗失业总人数合计 108 万人，以“4050”人员为主体，且有相当数量的工伤和职业病患者，再就业能力差。

二、独立工矿区改造搬迁是扩内需、保民生、调结构的重要途径

2012 年 9 月 25 日，李克强总理出席了国务院召开的“全国资源型城市与独立工矿区可持续发展及棚户区改造工作座谈会”，并做了重要讲话。为了

贯彻落实会议精神，国家发展和改革委员会按照“试点先行、分步推进”的思路，遴选困难突出、前期工作基础较好的5个地区实施独立工矿区改造搬迁试点工程。从实施效果来看，推进独立工矿区改造搬迁工程利当前、惠长远，是一举多得的重要举措。

1. 完善独立工矿区的基础设施和公共服务，是释放内需潜力的重要手段

实施独立工矿区改造搬迁，弥补基础设施和公共服务设施方面的历史欠账，可以有效拉动投资、扩大内需增长。据我们初步统计，全国独立工矿区道路受损长度共计15 500千米，水电线路待改造长度共计32 300千米。我们估算，128个独立工矿区按照每个工矿区至少具有一条二级以上连通邻近中心城镇的公路，交通、市政等基础设施综合承载能力达到所在地级行政区城镇的平均水平，需要总投资1047.8亿元，至少可带来5000亿元以上的社会总需求，可直接和间接创造就业岗位100万个。由此可见，独立工矿区改造搬迁不仅可以彻底解决工矿区道路、供水、供电、通信等生产生活条件严重滞后的现实问题，也可有效拉动内需、增加就业、激发潜在消费需求。

2. 独立工矿区的棚户区改造是全国棚改工作的重中之重，是解决城市内部二元结构矛盾的切入点

独立工矿区由于位置偏远、基础设施配套不足，亟待改造的棚户区规模大，且存在部分异地搬迁的问题，因此，独立工矿区是全国棚改工作难度最大、问题最集中的区域。据我们估算，全国独立工矿区棚户区改造涉及近280万居民，90万户中低收入家庭。加快推进独立工矿区改造搬迁，可彻底改变独立工矿区游离于当地经济社会发展之外的状况，实现由“矿区”向“城区”的转变，破解城市二元结构矛盾，推进以人为核心的新型城镇化建设，提高城镇化质量。

3. 建设各具特色的产业发展平台，有利于改善独立工矿区的发展环境，促进产业结构优化升级

独立工矿区改造搬迁可以改善生产生活条件，进而为接续替代产业发展奠定良好基础，增强工矿区内生发展动力。独立工矿区转型发展的成功案例表明，接续替代产业平台建设是促进新兴产业发展的有效手段。例如，河北省承德市鹰手营子矿区通过原有工业区整合、企业搬迁等方式建立的经济转型产业聚集区，到2012年年底，规模以上工业企业实现增加值超过15亿元，其中75%来自非资源型产业；创造就业岗位7000多个，非资源型产业从业人数占地区总从业人数

比重上升到77%。接续替代产业平台建设，有效推动了产业结构的优化升级。

三、加快推进独立工矿区改造搬迁的几点建议

独立工矿区改造搬迁作为一项重大的民生工程和发展工程，应该在积极完善工作机制的基础上，进一步扩大支持范围，加快出台针对性较强的扶持政策和指导措施。

1. 积极扩大独立工矿区改造搬迁试点工作

第一批独立工矿区改造搬迁工程实施以来，为工矿区群众生活和当地经济发展起到了明显的推动作用，也为探索不同类型的独立工矿区改造搬迁提供了很好的模式。为了加快推进以人为核心的新型城镇化建设，发挥独立工矿区改造搬迁对经济健康发展和民生持续改善的积极效应，建议在现有基础上，扩大支持范围，将全国128个独立工矿区按照改造搬迁的紧迫程度、工程实施的难易程度等，分期分批给予支持。

2. 科学规划独立工矿区可持续发展

从我国资源枯竭城市转型和棚户区改造的经验来看，独立工矿区的改造工作是一项长期艰巨、系统复杂的工作，需要强化政府宏观指导，中央和地方合力推进。建议在国务院的直接领导下，国家发展和改革委员会具体组织协调，尽快启动“全国独立工矿区改造和可持续发展规划”的编制工作。建议比照资源枯竭城市转型试点的扶持政策，中央财政设立针对资源枯竭独立工矿区财力性转移支付专项资金，重点支持社会民生改善、接续替代产业发展、生态环境恢复治理及基础设施建设等方面。

3. 促进民生改善与经济发展良性互动

在推进独立工矿区改造搬迁工作中要立足当地发展基础，充分考虑区域的经济社会发展状况和资源环境等条件，综合评判独立工矿区的比较优势，谋划转型发展的总体发展战略和路径。要把独立工矿区改造搬迁工作作为统筹区域发展的重大机遇和破解城市二元结构难题的重要抓手，坚持民生改善与经济发展良性互动，通过完善服务、改造设施、修复环境、培育产业等一系列综合措施，使独立工矿区面貌焕然一新，从被遗忘的角落变成宜居、宜业之地。

（本文选自2013年院士建议）

建议专家名单

陆大道	中国科学院院士	中国科学院地理科学与资源研究所
叶大年	中国科学院院士	中国科学院地质与地球物理研究所
郑　度	中国科学院院士	中国科学院地理科学与资源研究所
张文忠	研究员	中国科学院地理科学与资源研究所
刘卫东	研究员	中国科学院地理科学与资源研究所
王　岱	助理研究员	中国科学院地理科学与资源研究所
余建辉	助理研究员	中国科学院地理科学与资源研究所

抢占战略制高点，实现自旋芯片与器件向产业化转移的建议

都有为　等

自旋芯片具有存储数据非易失性、寿命长、低功耗、抗辐射等诸多优点，在工业自动化、嵌入式计算、网络和数据存储、汽车和航空航天等重要的民生、国防领域具有巨大的应用价值。2010年，美国“国家纳米技术计划”发布了《2020及未来纳米电子器件发展》报告，确定了五大重点研究领域，并把“探索用于感应的新技术，包括电子自旋器件、磁器件等”作为其第一重大领域；同年美国国家自然科学基金会提出“自旋电子科学的发展及应用将预示着第四次工业革命的到来”。

自旋电子学的发展与应用，预示着未来以调控自旋为基础的新时代将取代调控电荷的时代的来临，未来将引发数据存储与处理技术的革命。

一、国外进展

20世纪80年代，法国与德国科学家Fert与Grünberg独立开展了磁性纳米结构材料输运性质的研究，发现了巨磁电阻效应（GMR）。随后，美国迅速开展相应器件的研发并使其商业化，制备成高灵敏度的计算机读出磁头，使计算机存储密度与计算能力显著提高，单磁头产值就超过35亿美元，同时还开拓了磁电子学的新学科。鉴于该研究巨大的应用前景与重要的基础研究意义，法德两位科学家获2007年度的诺贝尔物理学奖。之后，磁电子学又扩展到半导体自旋电子学与分子自旋电子学，目前统称为自旋电子学。

1995年，日本宫崎照宣和美国Parkin等分别制备出具有高室温隧穿磁电阻效应（TMR）的磁性隧道结（MTJ）材料。基于TMR效应的计算机读出磁头不仅进一步提高了计算机存储密度（目前实验室水平达到1000吉比特/英寸^2），而且使更多种类的自旋传感器件进入开发和商业化阶段。

从1996年以来，美国政府投入数亿美元资助IBM公司、摩托罗拉半导体部（Motorola/Freescale）、格兰迪公司（Grandis）等几家知名公司研制磁电阻随机

存取存储器（MRAM），以磁性隧道结为存储单元，可使信息的存储、运算与处理在同一个芯片中进行。特别是近10年，国外企业主要集中人力与物力研发自旋芯片（各种模式的MRAM的统称）。

飞思卡尔半导体公司（Freescale）在2007年实现磁场驱动嵌套型4兆比特的非易失性、抗辐射MRAM芯片的量产；2008年，日本卫星SpriteSat上全面采用飞思卡尔半导体公司的MRAM产品替代静态随机存储器（SRAM）和闪存（Flash），以避免太空中辐射的危害；三星公司（Samsung）和海力士公司（Hynix）合作研究自旋转移力矩随机存取内存（STT-MRAM）；东芝公司（Toshiba）宣布研制高容量的1吉比特的STT-MRAM芯片取得新进展，并期望在2015年商业化；飞思卡尔半导体公司将MRAM业务拆分组建了新公司“Everspin”；格兰迪公司获得美国政府1500万美元资助进行STT-MRAM研究；2009年，法国政府宣布投入420万欧元研制自旋电子可编程逻辑器件；韩国政府与海力士公司和三星公司共同投资5000万美元开发STT-MRAM；2010年，日本研究人员开发出一种新的具有垂直磁各向异性的磁性隧道结结构，原理上可以使STT-MRAM容量达到10吉比特；Everspin公司推出了16兆比特MRAM芯片产品；2011年，三星公司收购Grandis公司，进一步加强对STT-RAM的研究和投入；2012年11月，Everspin公司首次发布基于DDR3的64兆比特STT-MRAM，从而将第二代MRAM技术尝试推向市场，这对于MRAM的发展具有里程碑式的意义。欧洲空中客车公司最新的飞机A350已采用磁性随机存储器搭建其计算系统，自旋芯片可取代DRAM用于个人计算机和智能手机，其容量、速度与使用时间也将提高数十倍。2012年，美国科学家提出采用电场调控自旋方案进一步降低功耗，有望使自旋芯片进入批量生产。2016年，IBM公司联合三星公司批量生产STT-MRAM自旋芯片。

二、国内现状

中国科学院物理研究所、中国科学院半导体研究所、南京大学、北京大学、清华大学、北京科技大学、电子科技大学、山东大学、复旦大学等较早开展了自旋电子学的基础研究，北京航空航天大学于2013年成立自旋电子交叉学科研究中心。

中国科学院物理研究所在高灵敏度磁传感器（TMR）、自旋纳米振荡器、磁逻辑和自旋晶体管等器件设计方面，获得中国发明专利授权40余项和美国及日本国际专利授权5项。2006年，传统型16×16比特MRAM演示器件通过鉴定，在国际上首次设计和制备出采用外直径为100纳米环状磁性隧道结为存储单元，并采用自旋极化电流直接驱动的新型4×4比特Nanoring MRAM原理型演示器件，其纳米环磁随机存储器等多种设计具有自主知识产权。

宜昌东方微磁科技有限责任公司拥有磁电子传感器、GMR/MTJ 磁电信号耦合器件等磁电子芯片核心技术，申请及授权中国发明专利 11 项，实用专利 8 项，美国发明专利 1 项；研制了系列的磁电子传感芯片，正在研发磁电信号耦合芯片，以及能将信号的接收、传输和存储有机结合起来的多通道接口和逻辑芯片。东方微磁科技有限公司与杭州电子科技大学产学研一体化团队“高性能集成巨磁电阻传感器及磁电信号耦合器件”项目研究成果通过专家组鉴定，项目总体研究水平达到同类产品的国际先进水平。

成都电子科技大学于 2005 年推出三种集成自旋传感器产品，拥有中国发明专利 10 项，美国发明专利 1 项。2006 年完成“国家安全重大基础研究计划（国防 973）”项目，设计出菱形“磁隧道结”存储单元，实现 3×3 比特 MRAM 原型芯片的设计和微电子工艺制作。2011 年与美国特拉华大学合作，研制出自旋微波探测芯片和系统，可对 2 ~ 18 吉赫兹微弱微波信号进行探测。江苏多维科技有限公司、宁波稀磁科技有限公司等已进行 MTJ 传感器的产业化。

相对国外，我国自旋电子学基础研究虽有一定的基础与成果，但尚需加强原创性的研究。而在研究成果转化方面，产业化基础十分薄弱，与国外差距甚大，起步迟，投入少，急需国家大力支持，研发出有自主知识产权的自旋芯片。

三、自旋芯片研发、中试和产业化的必要性

自旋芯片已经历了三个发展阶段：2006 年前利用 TMR，采用电流重合法，用电流产生的磁场调控自旋，制成低密度的第一代自旋芯片 -MRAM；2006 年后利用自旋极化电流调控自旋，功耗下降，存储密度提高，成为第二代自旋芯片 -STT-MRAM；目前研发电场调控自旋，功耗将进一步下降的第三代自旋芯片 -MeRAM，可望在近年取得突破，从而进入到商业化的阶段；Skgrmion（斯格明子）磁畴结构的基础研究又将为超低电流密度驱动的自旋芯片开辟美好的前景；此后，自旋芯片将与半导体芯片进行市场化的竞争。

自旋芯片优点：与 DRAM 相比，具有非易失性、抗辐射性、高运算速度优点；与 Flash 相比，其低功耗、长寿命、存取速度比 Flash 快千倍。此外，除做内存外，尚可做外存，磁硬盘与芯片可以合二为一。各类存储器性能对比如表 1 所示。

表 1　各类存储器性能对比

	SRAM	DRAM	Flash (NOR)	Flash (NAND)	FeRAM	RRAM	STT-RAM
Non-volatile	No	No	Yes	Yes	Yes	Yes	Yes
Coll size（F^2）	50~120	6~10	10	5.5	50~34	4.5	6.5
Read time（ns）	1~100	30	10	50	10~20	10~50	1~10
Write/Erase time（ns）	1~100	15	1μs / 10 ms	1ms / 0.1 ms	10~50	10~50	1~10
Endurance	10^{16}	10^{16}	10^5	10^5	10^{12}	10^8	$>10^{16}$
Write Power	Low	Low	Very high	Very high	Low	Low	Low
Other power consumption	Corrent leakage	Refresh current	None	None	None	None	None
High voltage required	No	3伏	6~8伏	2~4伏	2~3伏	1.5~3v	<1.5v
	Existing products					*prototype*	

自旋芯片兼具SRAM的高速度、DRAM的高密度和Flash的非易失性等优点，其抗辐射性尤为军方所青睐，原则上可取代各类存储器的应用，成为未来的通用存储器。自旋芯片属于核心高端芯片，是科技关键核心技术，可军民两用，具有高达上千亿美元的巨大市场前景，有可能成为后摩尔时代的主流芯片，这对于提升国家的高科技水平和增强国防安全意义重大，国家应予以高度重视和支持，良机莫失。

2012 年，我国进口半导体芯片约 1920 亿美元（其中包含了大量的存储器芯片），超过石油进口 1200 亿美元，如我们当前不重视自旋芯片的研发与产业化，将来必将受制于国外，重走半导体芯片落后的覆辙。

四、相关建议

1）设立具有国家战略意义的自旋芯片与相关自旋器件重大攻关项目，成立专家委员会，负责整合与组织全国相关的力量，产学研相结合，建立国家级的自旋芯片中试基地，争取在产业化进程中赶超国际先进水平。

2）作为长期的战略目标，积极推进自旋芯片与相关器件的研发与产业化，从基础研究、应用基础研究、实验室研发，最后进入产业化生产，逐步形成一个有机的体系。国家发展和改革委员会、科技部、国家自然科学基金委员会等立专项，坚持长期稳定的经费支持，在微电子与集成电路推进计划中建立相关专项，鼓励研发向产业化转化，国家给予政策优惠，不断创造具有中国知识产权的自旋器件。

参考文献

都有为等 . 加强自旋电子学技术的研发，实现中国自主创新跨越式的发展 . 2009 年中国科学院咨询报告 .

吕晓蓉等 . 2012. 自旋电子学及器件国际发展态势分析 . 中国科学院国家图书馆总馆 .

赵巍胜 . 2013. 关于自旋电子学的综述报告 . 北京航空航天大学 .

李少平 . 抢占战略制高点，实现自旋芯片与器件向产业化转移的建议 . 美国西部数据公司 .

（本文选自 2013 年院士建议）

建议专家名单

都有为	中国科学院院士	南京大学
丁海峰	教　授	南京大学
王占国	中国科学院院士	中国科学院半导体研究所
王阳元	中国科学院院士	北京大学
王崇愚	中国科学院院士	清华大学
王鼎盛	中国科学院院士	中国科学院物理研究所
刘　明	中国科学院院士	中国科学院微电子研究所
成昭华	研究员	中国科学院物理研究所
朱　静	中国科学院院士	清华大学
邢定钰	中国科学院院士	南京大学
吴义政	教　授	复旦大学
吴小山	教　授	南京大学
吴培亨	中国科学院院士	南京大学
吴　镝	教　授	南京大学
张怀武	教　授	电子科技大学
张　泽	中国科学院院士	浙江大学
张维益	教　授	南京大学
张裕恒	中国科学院院士	中国科学技术大学
怀进鹏	中国科学院院士	北京航空航天大学
李少波	技术总监	美国西部数据公司

沈保根	中国科学院院士	中国科学院物理研究所
陈　达	中国科学院院士	南京航空航天大学
周兴铭	中国科学院院士	国防科学技术大学
郑有炓	中国科学院院士	南京大学
姜　勇	教　授	南京大学
祝世宁	中国科学院院士	南京大学
赵建华	研究员	中国科学院半导体所研究所
赵　超	研究员	中国科学院微电子研究所
赵巍胜	教　授	北京航空航天大学
郝　跃	教　授	西安电子科技大学
唐少龙	教　授	南京大学
唐叔贤	中国科学院院士	南方科技大学
夏建白	中国科学院院士	中国科学院半导体研究所
徐永兵	研究员	南京大学
钱正洪	教　授	杭州电子科技大学
陶文铨	中国科学院院士	西安交通大学
顾秉林	中国科学院院士	清华大学
黄　如	教　授	北京大学
游效曾	中国科学院院士	南京大学
葛昌纯	中国科学院院士	北京科技大学
韩秀峰	研究员	中国科学院物理研究所
褚君浩	中国科学院院士	中国科学院上海技术物理研究所
詹文山	研究员	中国科学院物理研究所
薛松生	董事长	江苏多维科技有限公司